湛庐CHEERS

与最聪明的人共同进化

HERE COMES EVERYBODY

杀不死我的必使我强大

创伤后成长心理学

[英] 史蒂芬·约瑟夫 ◎著
(Stephen Joseph)
青涂 ◎译

What Doesn't Kill Us

The New Psychology of Posttraumatic Growth

北京联合出版公司
Beijing United Publishing Co.,Ltd.

WHAT DOESN'T KILL US

THE NEW PSYCHOLOGY OF POSTTRAUMATIC GROWTH

中文版序

我们总能从中国传统文化的智慧里汲取养料。无论是佛家、道家还是儒家，无不指出我们应学会接受，把生命视为一次旅程，理解其中的苦乐悲欢。中国人一向把困境视为通往成功的必经之路，所以我相信您一定能理解创伤后成长的观念。《孟子·告子下》中有一段广为人知的箴言：

> **天将降大任于斯人也，必先苦其心志，劳其筋骨，饿其体肤，空乏其身，行拂乱其所为，所以动心忍性，增益其所不能。**

创伤后成长的意思，并不是说人能因心理成长而免于遭受精神痛苦的折磨。我将会在本书中论及，创伤后成长和创伤后心理压力可能并存。对于那些能够找到正确方法缓解压力的人来说，创伤后心理压力和创伤后成长之间存在因果关系。但要想成功缓解压力，我们就需要以灵活的技巧来积极应对，而且要有开放的思维。只有这样，我们才能建设性地创造和改写自己的思维模式。一项由臧寅垠博士领导的研究对四川地震幸存者进行了访问调查，发现那些表现出更强的创伤后成长特征的人，也更有可能获得社会支持，并以积极的态度应对逆境。

在中国，有越来越多的学者和心理治疗专家开始关注创伤后成长研究。创伤后成长必然会受到其所在社会的文化氛围的影响。一般说来，中国人更重视人与人间的相互依存关系和人际和谐，这对创伤后成长来说可以算是一大助力，因为人们可以从他人那里获得更广泛的社会支持。不过这也可能会抑制创伤后成长，因为按照传统社会习俗来说，人们很少在他人面前直白地表露自己的感情。因此，创伤后成长在中国可能表现得较不明显，但是更为深入。

我由衷希望，经历创伤的人以及深爱他们并支持他们的人，都能在本书中发现有用的线索，重新找回生命之光。即使是最黑暗的岁月，也能诞生希望。

WHAT DOESN'T KILL US

THE NEW PSYCHOLOGY OF POSTTRAUMATIC GROWTH

前 言

每个人都能成为超级英雄

出生、成长于20世纪六七十年代的我，小时候很喜欢看美国漫画。超胆侠、蝙蝠侠、神奇四侠……美漫中描绘的超级英雄无不深深吸引着我，尽管我住在北爱尔兰的贝尔法斯特，平日很难看到美漫。要说起我最喜爱的超级英雄，那一定是蜘蛛侠彼得·帕克了！

他在被一只受到辐射感染的蜘蛛咬伤之后，身体发生巨变，获得了奇怪的超能力。但直到他的叔叔死于罪犯之手，彼得·帕克才接受了命运的召唤，用超能力来打击犯罪。彼得·帕克的蜘蛛侠生涯过得并不轻松。《号角日报》（*Daily Bugle*）的主编詹姆斯一心想给他定罪并搞成个新闻头条，而彼得和玛丽·珍的恋情也因为他的秘密身份而备受考验。

当时我还是个小男孩，生活在政治动乱频仍的贝尔法斯特。我在美漫里发现了一个全新的世界——不只有摩天大楼和浪漫爱情，还有一群怀有改变现实的信念并有勇气挺身而出的英雄人物。我喜欢美漫传达的观念：灾难事件会让人超越自我、成为超级英雄。现实生活要是也能像这样就好了！

随着年岁渐长，我逐渐认识到，现实生活恰恰便是如此。超级英雄的故事，其实正隐喻了我们在现实中遇到的种种挑战。发生在蜘蛛侠和其他漫画角色身上的悲剧，都不是他们自己的过错，但却突然而至，迫使他们走进惊险刺激而又危机重重的崭新人生。超级英雄都曾遭遇创伤性事件，从此改变一生。他们本可能崩溃于悲剧的摧毁力，却被唤起了内在的力量和智慧。他们的生活从此永远改变，是创伤让他们重新定位自己，重新定义生活。

我从他们的故事里看到了现实生活的投影，我们普通人也可以像超级英雄一样，走出灾祸的阴霾，过上精彩、积极的生活。普通人的故事，因为真实而更加振奋人心。

无可回避的创伤

莱昂·格林曼（Leon Greenman）就是这样一位真实人物。格林曼1910年生于伦敦东区一个荷兰裔犹太人家庭，曾接受拳击训练，做过理发师，后来成为一名成功的古董书商人。1938年，欧洲局势逐渐紧张，当时他与荷兰裔妻子伊斯特住在鹿特丹。他本已准备返回伦敦，但听到广播里英国首相张伯伦说“现在正是和平年代”，认为没必要急着回国，所以就留在了荷兰。

然而战争在次年突然爆发。1940年，德军入侵荷兰。格林曼把护照和全部积蓄委托给一位朋友保管。后来他听说德军为交换俘虏，同意将英国公民送返家园，便让朋友把护照还给他。但等待格林曼的却是噩耗，朋友害怕自己因为帮助犹太人而遭到报复，早已把护照烧毁。

格林曼一家因此无法逃离纳粹的魔爪。1942年，他和妻子以及年仅两岁的儿子巴尼被送入韦斯特博克（Westerbork）集中营，随后被转送到比尔科瑙（Birkenau）——也就是人尽皆知的“死亡集中营”奥斯维辛（Auschwitz）。甫一抵达，格林曼就被迫和妻小分离，妻子把孩子举起来让他最后再看一眼，再吻一次。自那以后，他再也没有见过妻儿。格林曼是一个身体健壮的年轻人，安然做着理发师，如今胳膊烙上了囚犯编号 98288，被送到集中营劳动。

1945 年 4 月 11 日，格林曼在经过将近 100 公里的死亡行军之后，来到布痕瓦尔德（Buchenwald）集中营。一觉醒来，他发现纳粹看守都不见了——该集中营已经被巴顿将军的第三集团军解放了。他在战地医院又躺了两天才能走动，重新回到集中营。格林曼来到焚尸炉前，不知道有多少生命寂灭于此，骨殖和灰烬一堆一堆，历历在目。他收起几块遗骨，留作回忆和凭吊；它们也是纳粹的罪证。

格林曼没有像其他数百万不幸的同胞一样死于毒气室。他回到伦敦，成为一名商人，又以莱昂·毛雷（Leon Maure）为艺名做了职业歌手。当时人们不愿听集中营的悲惨故事，他也没打算对人言说。但是在 1962 年，一切都改变了。他亲眼目睹白人优越主义政党“国民阵线”（National Front）公然集会，声称大屠杀从未发生。他意识到，如果自己再不有所行动，悲剧可能会再次上演。

在随后的 46 年里，格林曼倾尽全力，用整个后半生向世人讲述当年发生的真实历史。他不断收到骚扰信件和死亡威胁，不得不在窗户外加装护栏，以挡住反对者扔来的砖头。尽管如此，他仍然不辍发声，引导人们前往奥斯维辛参观，发表反法西斯的演说。很多学童都是听他讲述，才了解了第二次世界大战时期那段恐怖的历史。他这样描述自己的新使命：“我现在的目标和责任，是告诉人们当时究竟发生了什么。”1998 年，英国女王授予他大英帝国勋章，以表彰他为反法西斯事业做出的贡献。之后他继续履行自己的使命，直到 2008 年以 97 岁高龄辞世。[①]

① 《时代周刊》2008 年 3 月 10 日发布讣告：《莱昂·格林曼，奥斯维辛幸存者，将余生致力于反法西斯事业》。

莱昂·格林曼的故事正说明了本书的主旨：创伤如何改变个人的生活。我们看待世界的方式，会被创伤完全粉碎，然后重新建立。从某种意义上来说，创伤能带领我们进入一个全新的世界。

通过灾难促成改变，这与人们的常识截然相悖。我们往往认为，创伤只会给人带来毁灭性的打击。心理学研究证明，生活危机通常会令人抑郁、焦虑，让人产生创伤后压力。心理医师也发现，诸如严重疾病、事故、受伤、丧亲和分手之类的打击，都可能会威胁到人的精神健康。

那么，要怎样解释这样的情况：有人在遭遇危及生命的重病或可怕的天灾人祸之后，会说那不幸的事件正是他们生命的转折点？他们的故事似乎印证了尼采的格言："杀不死我们的，让我们更坚强。"不过，这是否只是极少数幸运者的说辞？心理创伤是不是真的能给所有经历者带来新的希望？答案或许令你惊诧——的确如此！

逆境如同牡蛎体内变成珍珠的砂砾，能帮助人们更诚实地面对自己、接受挑战，并以更广阔的视角看待人生。让我们看一看美国自行车运动员兰斯·阿姆斯特朗（Lance Armstrong）吧。他在经历了睾丸癌的折磨之后，赢得了环法自行车赛的冠军。他不只赢得了一次冠军，而且连续赢得七次。在自传里，他这样描述癌症对他生活的影响：

> 世界上有两个兰斯·阿姆斯特朗，一个是患癌症之前的，一个是患癌症之后的。总有人问我，癌症怎样改变了我？其实真正的问题是，癌症怎么可能不改变我？我在 1996 年 10 月 2 日走出家门；回来的时候，我已经变成了另一个人……事实上，癌症可以说是发生在我生命中最美好的事情。我不知道自己为什么会得病，但是癌症确实给我带来了有益的影响，我不希望它从没发生。这是我生命中最重要的事情，它完全改变了我，我怎么可能希望它从未发生？一天也不会。

真实故事无疑会触动我们的心灵，给我们带来希望，但是它们并不能告诉我们，由创伤悲剧到积极影响的转变，究竟是如何发生的。近年来，心理学家已开始关注逆境的益处。他们发现，创伤给人生带来转变，绝不是个别现象；在世界不同民族、不同背景的人身上，都有可能发生。那么，我们当真了解人类该如何应对逆境吗？本书将梳理心理学界最新的研究成果，我们对于创伤的看法可能也会随之改变。

本书的宗旨，并不是劝读者乐见自己或他人发生创伤、灾祸和不幸。我的想法其实很简单：我们必须了解，逆境或创伤，是生命中无可回避的东西。我们肯定都曾遭逢困境，已经发生之事既已不可挽回，唯一能够选择的是如何面对。让我们来看看哈罗德·库什纳（Harold Kushner）的故事吧！他的儿子死于一种罕见的老化症。他在《当好人遇上坏事》（*When Bad Things Happen to Good People*）一书中写道：

> 若非经历亚伦的生与死，我绝不可能变成一个更体恤别人的人、更有同情心的传道者。但如果可以让儿子起死回生，我会毫不犹豫地放弃这一切。如果我能够选择，我愿意放弃这一路走来获得的所有精神成长和思想深度，做回15年前懵懂的自己，一个普通的拉比，对一些人有所帮助，对另一些人爱莫能助。我会是一个聪明、快乐的男孩的父亲。但是，我无可选择。

很多人受到逆境冲击，才开始重新审视自身，重新确定生命中重要之事。创伤可以给人当头棒喝，把人引向更有意义的新生活。

逆境变成催化剂

在过去20年中，我致力于研究逆境对人的心理的影响，本书就是我多年来全部思考与研究的结晶。不用说，我自己也曾经历过许多逆境，它们帮助我打开了眼界。作为一名心理治疗师，我助人度过艰难时期；作为一名心理学研究者，我翻阅过无数遭遇创伤者的个人陈述。我越发相信，人会在灾祸之后成长起来。我想在本书中与读者分享自己作为科学研究者和心理治疗师的经验。

我也试图解答这个问题：在同样遭遇逆境的人群里，为何有人会一蹶不振，有人却能活得更好？

本书的核心思想是“碎花瓶理论”（shattered vase）。假设你在家里某个安全稳固的地方摆上一只珍贵的花瓶，但有一天你不小心把它打落在地。有时候花瓶虽然碎了，但花瓶底可能还完好无缺，可以在此基础上开始修复；但也有时候，花瓶摔得粉碎，看上去完全没有修复的可能。

那么，你会怎么做呢？试图用胶水和胶带把花瓶拼回原状吗？还是捡起碎片，扔进垃圾桶，因为花瓶已经无法修复？抑或捡起漂亮多彩的碎片，把它们制作成新东西，比如色彩缤纷的马赛克镶嵌画？

灾难来临时，人们常会感到自己的内心有一部分被击得粉碎——比如世界观、对自己的看法或者与他人的亲密关系。有些人一味想让生活恢复原样，结果仍会倍感沮丧和无力；也有些人选择接受现实，对自己和世界产生新的认识，勇于尝试新生活。这本书以我多年科学研究和临床经验为基础，希望能帮助读者关注、理解并有意识地控制自己的思想和行为，在逆境之后过上更好的生活。

逆境无疑会给我们带来巨大的心理痛苦。我们知道，极度恐惧会致使心理压力水平居高不下，可能维持数月甚至数年之久。并非所有人都会完全表现出创伤后应激障碍（posttraumatic stress disorder，PTSD）的症状，但大多数人会因创伤后的心理压力而产生情绪波动。为何有些人更易受到创伤的影响？怎样才能更好地帮助他人摆脱创伤后压力的负面影响？这些问题在过去数十年中，均已得到详细研究。也有“认知 - 行为疗法”（cognitive-behavioural treatment）被用来治疗创伤后应激障碍，这类治疗方法似乎卓有成效，已有成千上万人从中受益；还有数千名受过这类训练的精神健康专家，在世界各地继续推行创伤疗法。

助人抚平心理创伤，已发展成为一类专门的产业。从业人员包括咨询顾问、心理治疗师、心理学家、精神科医师和社会工作者，其发展之势突飞猛进。这当然是好事，不是吗？要是在过去，我或许也会同意。但是随着我把研究兴趣从创伤后应激障碍转移到创伤后成长，我开始质疑创伤产业及其对人类精神世界的影响。我们对创伤后应激障碍日益关注，创伤产业也在不断膨胀，使创伤后成长的观念完全笼罩在其阴影之下。我们在理解人类如何适应逆境时，往往太过片面，只关注创伤给人带来的消极影响。

但是，创伤对人类精神世界的影响，远不仅限于创伤后应激障碍。我们需要综合考虑生理、文化和政治等各种因素，才能决定自己该如何应对逆境，活出生命的价值。其中问题错综复杂，令我对创伤产业产生了以下三点忧虑。创伤产业的成功，是否会产生意外后果，引发新的问题？

第一，创伤产业热衷于使用医学用语。创伤后应激障碍已成为一个独立的诊断类别，可以有效评估人的精神痛苦。但创伤产业大量使用医学语言，把治疗师当作医生，仿佛患者不必通过自身努力，可以依赖他人谋求康复。而且“患者”这个词本身也有问题，它描述的是一种不正常的状态，是指精神受损、残缺、失调、紊乱的人。这类医学词汇，潜移默化地将个人谋求康复的责任转移到了治疗师的手上。然而，精神创伤与能被医生治愈的疾病绝不相同。心理治疗师确实可以给人提供指导，在精神康复之路上提供专业的陪护，但说到底，人们必须自己承担起康复的重责，寻找生命的意义。

第二，创伤产业让人们普遍对创伤后应激障碍形成某种错误的认识：创伤后应激障碍既无从阻止，也无可规避——经历灾难的人一定都会受到心理冲击，发展出创伤后应激障碍，一定需要专业的心理援助。也许对于一些人来说确实如此，但是过去十年的研究证明，创伤亲历者不一定需要长期的援助，人们也往往过高估计了创伤给人造成的伤害。如果人们被反复告知，他们非常脆弱，需要专业援助，那么他们就会认为自己确实如此。但研究告诉我们，大多数人在遭遇短期创伤时并没有那么脆弱，他们要么有足够的心理韧性来对抗精神压力，要么能很快恢复过来，心理功能也会维持在较高水平。这才是本书真正想要传达的信息：大多数人的心理韧性都足以对抗突然降临的悲剧、不幸和灾难。

第三点担忧已经在前文提及：如果创伤后应激障碍的症状得到缓解，人们就会认为治疗已经成功。这既忽视了大多数人都有足够的心理韧性的事实，也忽视了人在创伤后的成长——很多人经过逆境的磨砺，过上了更有意义的生活。创伤后应激障碍是一个复杂多面的心理状态，既会给人带来压力，也会助人成长。人们可能会凭此找到修复创伤的方法，把创伤变为优势。过去人们只把创伤后成长现象视为特例，当作只发生在极少数人身上的奇闻——而创伤后成长，其实是创伤固有的一部分。心理治疗师如果未能在求询者身上观察到创伤后成长的可能，那么无疑是帮了倒忙。

简单来说，创伤后应激障碍作为一种诊断类别，能帮助有需要的人寻求专业的心理治疗。但是它也有三项弊病：人们不再对自己的康复负责；让人们产生错误的期望；忽视了创伤后的个人成长。本书力图打破这种片面的认识，证明创伤不单会产生消极影响，也会产生积极影响，二者彼此关联。我对当今的创伤产业无法苟同。我认为，创伤后应激障碍是人类适应逆境的自然过程，再正常不过。它也标志着个人转变的开始。人要想从创伤中恢复，需要寻找新的意义，对事物形成新的理解，找到治愈心灵之钥。创伤后应激反应可以理解为人类探寻生命意义的过程，在这个过程中，人们需要借由不断回忆和思考去理解那些带来极大心理冲击的创伤事件，发现生活的真相，成就新的人生。本书的核心观点是，创伤后应激障碍是自我转变的动力。这种自我转变，也被称为创伤后成长（posttraumatic growth）。

近年来，已有不少人开始研究创伤后成长。有人起步较早，有人起步较迟；无论对谁来说，都是任重道远。创伤后成长的理论本身并不复杂，但却在过去数十年间一直被精神医学研究的阴影笼罩。精神医学只注重研究痛苦，而不去研究由痛苦产生的转变。

人类会讲述故事。创伤会触动我们的开关，我们需要通过向人述说去理解发生的一切灾厄。在与家人、朋友或同事交谈的过程中，我们就在讲述创伤的故事，而我们讲述的方式又受到报纸、电视、书籍、歌曲和诗歌的影响——它们提供了语言、声音和影像的模式。在讲述故事的过程中，转变也在一点点发生。通过理解创伤事件，我们自己也成长了。

对于有兴趣了解创伤后成长的读者，本书的第三部分有详细介绍，并提供实践指导，包括“创伤后心理幸福感变化问卷”（Psychological Well-Being Post-Traumatic Changes Questionnaire，PWB-PTCQ）和 THRIVE 转变模型，读者们可以根据这个模型进行练习与反思。

最后要说明的是，本书虽然扎根于科学研究，但也记录了许多人类应对逆境的故事。为保护隐私，书中人物全部使用化名——除非故事的主角已经举世闻名。本书列举的案例都有其真实原型，我也修改了故事背景和情境细节。借助古代哲学家的智慧、存在主义及演化心理学家的慧眼，还有现代积极心理学的乐观主义，我将为您介绍关于逆境的新科学——以全新、积极、人性的眼光来看待生活，迎向生活中不可避免的挑战。

WHAT DOESN'T
KILL US

THE NEW PSYCHOLOGY
OF
POSTTRAUMATIC GROWTH

目 录

直面创伤

第一部分

WHAT DOESN'T KILL US

THE NEW PSYCHOLOGY OF
POSTTRAUMATIC GROWTH

我终于归来

从莫名的深渊

此刻我必须遗忘

若非如此

我便不配独活

夏洛特·德尔博，《离开奥斯维辛》
Charlotte Delbo, *Auschwitz and After*

从苦难中寻找意义

创伤的积极面

1987年3月6日，星期五。一艘名为“自由进取先锋号”（以下简称“先锋号”）的大型客轮驶离比利时泽布吕赫港，前往英格兰。船上有近500名乘客、80名船员，还载有1 100吨货物。轮船离港未久，乘客们或是闲坐发呆，或在餐厅酒吧准备饱餐一顿、浅酌一杯。

没人意识到，海水已悄无声息地没过了船舱里停放的汽车的底盘。一扇艉门没有关好，乘客和船员浑然不知，直到客轮突然开始倾斜。灾难突如其来，毫无征兆——短短45秒，客轮完全倾覆。

此时再发出警报已无济于事。翻转的客轮把家具、汽车、货物和乘客甩往港口方向。人群冲撞，从爆裂的舷窗落入冰冷的海水。海水汹涌而入，供电中断，黑暗中回荡着痛苦和恐惧的尖叫。海水中漂浮着死尸，幸存者也只能绝望地等待死亡降临到自己头上。他们在一瞬间失去了挚爱，目睹了常人无法想象的恐怖景象。共有193人丧生。

这是 20 世纪最可怕的海难之一。现在，我们很难完全了解“先锋号”灾难的幸存者经历了什么。不妨想象一下：你所在的房间突然之间开始倾斜，然后完全倒转……天花板变成地面，灯光全灭，波涛汹涌……

海难后数月，律师代表幸存者和遇难者家属联系了伦敦精神病学研究所心理学学院，寻求专业援助。当时门诊事务的负责人是威廉·尤尔（William Yule）教授，他快速动员各方人手，为幸存者提供心理支援，并建立了一个研究项目。我有幸参与其中。在接下来的三年，我在这里完成了我的博士研究——深入了解幸存者和他们的心理障碍，帮助他们从创伤中康复。

海难发生后不久，很多幸存者应邀参与了一系列心理学测试，以对他们的创伤后应激障碍水平进行评估。分析发现，他们的心理压力水平非常高，符合灾难后第一个月内出现的症状。其他症状还包括：反复且不可抑制地回想起过去发生之事，难以入睡甚或失眠，无法集中精力，时常精神紧绷……这些都是患者常见的症状。

可以想见，创伤后应激障碍患者在日常生活和工作中也面临巨大的困难。很多“先锋号”海难幸存者在第一次调查中说，他们发现自己的生活和人际关系备受影响，很多人尽一切努力试图恢复常态。那么，究竟何种心理变化会给人带来最糟糕的影响？我们发现，那些归罪于自己的人，最有可能受到心理压力的困扰。

听幸存者讲述他们的故事，我们发现，很多人都曾经努力挣扎，试图重新过上正常的生活。但是灾难对于经历者的长期影响究竟如何，我们还知之甚少。

三年后，我们对幸存者的生活状况进行了后续调查。这一次，我们询问了与三年前一样的问题——关于抑郁、焦虑和创伤后应激障碍。结果发现，幸存者的平均心理压力水平虽然比之前有所降低，但仍然维持在较高水平，很多人还在困境中奋力挣扎。这种困境究竟是由怎样的心理变化导致的？我们向幸存者询问了一些敏感问题，以了解他们在灾难发生之时和之后的经历。

我们对收集到的反馈加以分析，研究幸存者对自己灾难经历的描述和现时感受之间的关系。我们发现，心理压力最大的，往往是那些坦言自己在灾难发生时深感无助的人，是那些预先想好最坏情况的人，是那些认为自己必死无疑的人，是那些被恐惧击溃的人。我们也询问了他们在灾难结束之后的心理复原过程，发现心理压力最大的，是那些情绪最为内敛、缺乏社会支持或在这三年中遭逢其他重大人生事件（比如重病、丧亲或失业）的人。此后，许多研究者也发布了类似的结果。我们现在已经普遍认可这样一个结论：心理康复之途上有两道主要障碍，一是缺乏社会支持，二是创伤后经历其他生命转折。

但是人并非生活的被动接受者，过去的所思所感，一定会影响我们的心理康复过程。比如说，康复之路上的障碍，可能还有内疚和罪恶感。我们发现，超过半数的幸存者，都因众人死去、自己独活，而深怀罪恶感；超过三分之二的人因自己在灾难发生时袖手不为，而心怀愧疚；还有三分之一的人因自己当时采取的求生手段而内疚不已。表达了这类感受的人，似乎也在和严重的心理障碍做抗争。

了解创伤后心理如何康复，可谓至关重要。某些举措可能会让人在短期内感觉变好，但会带来长期的困扰。比如，很多幸存者会求助于酒精和药物：73% 的人更频繁地饮酒，44% 的人更频繁地吸烟，44% 的人服用安眠类药物，28% 的人服用抗抑郁药物，还有 21% 的人使用镇静剂。我们还发现，服用处方或非处方类药物的幸存者，要比不服用任何药物的幸存者心理状况更糟。

幸存者的积极改变

究竟是什么因素阻碍了精神的康复？在研究过程中，我们逐渐拼出一幅完整的蓝图，揭示创伤如何一步一步地摧毁了人们的生活。我们的结论与学界普遍认可的创伤与创伤后应激障碍理论一致。

但是我们也得到了意料之外的收获。我们的研究重点本在于探究创伤的消极影响，却由此发现了新的规律。我在访谈时注意到，部分幸存者会谈起他们生活中的积极变化。尽管说来好像有点奇怪，但是灾难似乎让他们得以用一种全新的眼光来看待生活。有鉴于此，我们在海难三年后的调查中加入了新的内容："你对生活的看法在灾难前后是否有所变化？——如果有变化，是变得更积极，还是更消极？"我们直到最后一分钟才将这个简单的问题加入问卷，请幸存者说明他们对生活的看法是变得更糟、更好还是根本没有改变。

结果令人震惊。虽然有 46% 的人说他们对生命的看法变得更消极了，但是有 43% 的人认为他们对生活的看法变得更加积极了。我确实设想过有些人会说"变得更好"，但是怎么可能会有将近半数的人这样认为？我再次检查统计数据，确认无误："先锋号"海难幸存者中有 43% 的人认为，那次创伤经历对他们产生了某种有益的影响。这个初步调查的结果深深吸引了我，我想进一步了解，这一现象是否也存在于其他事件中。是只有我访谈的受害者表现如此，还是这一现象普遍存在于经历重大挫折的人群之中？

我们请幸存者用自己的话来描述他们生活中发生的种种变化。在"你对生活的看法是否改变"这道选择题后面，加了一道简答题，请他们描述自己对生活的看法究竟发生了怎样的改变。有人只写了寥寥数字，有人简单地写了几句话，但也有人借此机会一吐为快，写满了问卷所有的空白。

我仔细阅读回收的问卷，把人们的反馈分为两类：积极变化和消极变化，又按照相似度进行分类，最终整理出 11 种积极反馈和 15 种消极反馈。我从每一种反馈里选出一个我认为最具代表性的语句，这样就得到了 11 个积极语句和 15 个消极语句，都是幸存者的原话，概括了我从他们身上了解到的全部信息。

然后我把这些问题收入问卷，让人们回答赞同与否：

请阅读下列语句，根据自己的认同度打分：

1＝非常反对；2＝反对；3＝略表反对；4＝略表赞同；5＝赞同；6＝非常赞同。

消极改变：

□ 我不再对未来抱有期望。

□ 我的人生再也没有任何意义。

□ 我不再感到我有能力做任何事。

□ 我现在非常畏惧死亡。

□ 我觉得随时都会有不好的事情发生。

□ 我非常希望能够回到过去，回到事件发生之前。

□ 有时我会觉得，做好人完全没有意义。

□ 我现在很难信任他人。

□ 我感到自己仿佛身处地狱。

□ 我现在对自己几乎没有任何信心。

□ 我觉得自己比以前更难亲近他人。

□ 我现在更难宽容他人。

□ 我变得更难与人交流。

□ 再也没有什么东西能令我感到快乐。

□ 我觉得自己如同行尸走肉。

积极改变：

□ 我不再认为我所得到的一切都理所应当，而我可以为所欲为。

□ 我现在更加重视自己和他人的关系。

□ 我感到自己对生活产生了更深刻的理解。

□ 我不再忧惧死亡。

□ 我现在尽我所能，把每一天都过得充实。

□ 我把活着的每一天都视为恩赐。

□ 我现在比以前更了解人性，更能宽容他人。

□ 我现在对人性更有信心。

□ 我不再认为受人好意是理所应当的。

□ 我比以前更重视他人。

□ 我现在更有获得成功的决心。

我们采用了双重记分系统，分别记录消极变化和积极变化。积极变化的取分范围为11~66，消极变化的取分范围为15~90。被试的积极或消极分数越高，他的积极或消极变化也就越大。

这份问卷后来被称为“态度改变问卷”（Changes in Outlook Questionnaire, CiOQ）。有了它，我们就能着手进行一系列研究，去了解灾难幸存者的心理变化究竟因何而致。但是在正式开始之前，我必须首先确定，其他灾难事件的幸存者在之后几年的表现，是否也和“先锋号”海难事故幸存者类似。尤其需要搞清楚的是，“先锋号”海难事故幸存者的积极改变，究竟是普遍现象，还是仅此一例。我带着这个问题走访了其他轮船事故的幸存者。

1988年10月21日入夜未久，400名儿童和90名教师乘坐“朱庇特号”离开希腊的比雷埃夫斯港，开始一次地中海东部实地考察之旅。孩子们兴奋地站在甲板上，观看轮船驶离港口。意外在出港仅20分钟后突然发生：一艘油轮径直撞向船体中部，“朱庇特号”被撞出一个大洞，迅速沉没。惊惶的乘客和船员纷纷跳入遍布油污和船体碎片的海水，试图攀上救生艇。一片混乱之中，一名女童、一名老师和两名水手丧生。

我邀请“朱庇特号”海难事故的成年幸存者来接受CiOQ调查，看他们的回复是否会与“先锋号”的幸存者类似。如我所料，有些人说他们的生活态度发生了消极变化。尽管“朱庇特号”海难的人员伤亡不如“先锋号”般惨烈，但它是一次悲剧，也给幸存者留下了深深的创伤。我们注意到，许多“朱庇特号”幸存者声称，他们的生活态度发生了积极的变化。表1-1列出了同意（或至少是略表同意）各项“积极改变”的幸存者所占的百分比。

表 1-1　　同意各项“积极改变”的幸存者所占百分比

我不再认为我所得到的一切都理所应当，而我可以为所欲为。	94%
我现在更加重视自己和他人的关系。	91%
我感到自己对生活产生了更深刻的理解。	83%
我不再忧惧死亡。	44%
我现在尽我所能，把每一天都过得充实。	71%
我把活着的每一天都视为恩赐。	77%
我现在比以前更了解人性，更能宽容他人。	71%
我现在对人性更有信心。	54%
我不再认为受人好意是理所应当的。	91%
我比以前更重视他人。	88%
我现在更有获得成功的决心。	50%

如此看来，我们当初的发现并非特例。我们就此展开了首例关于创伤后人类心理积极变化的科学研究。

悲剧乐观主义

创伤可能会给人生带来积极的改变——虽然有悖常识，但我们确知如此。然而我依然满怀疑问：为什么幸存者中有些人说自己发生了积极变化，有些人却没有？我们是否也能给后者带来积极变化？创伤后的积极变化，是否能丰盈一个人的生命？……我最想知道的是，怎样才能调和发生在创伤之后的积极变化，与创伤本身带来的破坏性影响之间的矛盾？

在过去 20 年间，我被这些问题深深吸引，一直努力想要找到答案。直到现在，我们才开始了解人在遭遇逆境之后精神变化的全貌，才开始明白创伤的积极面和消极面。最重要的是，我们才开始知道，创伤后心理压力其实是提供动力、促使变化发生的引擎。创伤迫使人们走到生命的十字路口，选择走向何处，将给其一生带来深刻的影响。我们开始以一种全新的眼光来看待创伤后应激障碍等发生在创伤之后的常见症状，这是个人转变的过程。

创伤和逆境会给人带来积极改变，此观点如暗潮涌动，但从来不曾进入心理学界的主流，也从未为人仔细研究、深入了解。它暗自沉睡多年，直到再次为人发现。尽管现代心理学在 19 世纪初叶就已兴起，但关于积极改变的研究却一向不为学者青睐。毋宁说，过去心理学研究的重点，在于解释人们为何会出现压力失调，而非寻求如何进行心理修复。

学界之所以忽视创伤后的积极变化，有许多原因。其中之一是，大多数心理学家都对创伤的积极影响没有兴趣——这其实没什么可惊讶的，心理学家和精神科医师通常接触的都是前来求助的求询者——他们无不面临巨大的精神压力，或者罹患某种精神疾病。心理学家和精神科医师的目标，不是帮助患者过上充实幸福的生活，而是帮助他们摆脱糟糕的精神状态。也就是说，大部分心理学家和精神科医师都认为，不必把患者的精神状态从 –5 升到 +5，只要能从 –5 升到 0 就足够了。所以，大量心理学分析研究都围绕心理压力进行，并不出人意料。

心理学界片面重视心理压力的趋势始于弗洛伊德。弗洛伊德本人是一名医生，他将医学思维引入了精神治疗这一全新领域。心理学的早期发展，也因此深受精神治疗和医学词汇的影响——直到今天，我们仍出于历史原因而不得不使用“失调”“患者”“治愈”“治疗”这类词汇。在 20 世纪，心理学得到快速发展，也越发依赖于药物治疗，越发关注人类经验的黑暗一面。

尽管如此，在心理学思想发展史上也有闪光的例外。我和我的同事是最早以科学方法研究创伤后积极改变的人。但如果我们再深入一点发掘心理学的历史，就会发现，早在数十年之前，已经有学者提出这一理论。其中言辞最为犀利者，非维克多·弗兰克尔（Viktor Frankl）莫属。

> 20 世纪 30 年代，弗兰克尔在维也纳当精神科医师，负责治疗有自杀倾向的患者——直到纳粹禁止犹太人行医。1942 年，他和妻子及病人被纳粹关入特莱西恩施塔特（Theresienstadt）集中营。随后他的妻子被送往贝尔根·贝尔森（Bergen Belsen）集中营，他和他的病人则被送入奥斯维辛。弗兰克尔再没有见过他的妻子。他是家族中唯一的幸存者，经受了常人难以想象的创伤和压力，但他仍然坚强地活了下来。

弗兰克尔在二战后成为 20 世纪最重要的心理学家之一。他是维也纳大学的心理学教授，也是哈佛大学的访问教授，但人们最常念及的，还是他的通俗著作《活出生命的意义》（*Man's Search for Meaning*）。他在书中讲述了自己在纳粹死亡集中营里的亲身经历。他认为，那些心存希望、为生存做好准备的人，最有可能从集中营的阴霾之中发现生命的意义。他在书中写道：

> 一个人若能接受他的命运及其附加的一切痛苦，背负起自己的十字架，即使在最艰难的情况下，也一样有机会深探生命的意义。人须得守住勇敢、尊严和无私的品质，否则在自保的残酷战争中，他很可能失去人性尊严，变得与禽兽无异。艰难的环境，为他提供了寻求精神价值的机会。要么紧抓不放，要么彻底放弃。

弗兰克尔还曾谈起，他的病人能够在生活的悲剧和不幸中寻找意义。他看到了苦难的正反两面。他注意到，就算不幸本身不会带来任何好处，我们也可能从不幸中提取出好的东西。他为此发明了“悲剧乐观主义”（tragic optimism）一词。弗兰克尔认为，人类与“生命真相”的抗争，为其提供了寻找生命价值的良机。人本主义心理学家亚伯拉罕·马斯洛（Abraham Maslow）是弗兰克尔的支持者，他专门研究自我实现者（self-actualised）——自我实现者会以自己的全部潜能去生活。马斯洛说，人类一生中最重要的学习经验，来自悲剧、死亡和其他创伤经验，因为它们会让人以全新的眼光来看待生活。

存在主义心理学家欧文·亚隆（Irvin Yalom）也认为，致命疾病带来的痛苦能让人寻得生命的意义。他曾经这样写道：

> 人类一旦直面死亡，往往就会开始严肃地思考生命的目标和原则……无数人曾经感慨：我为什么要等到现在，等到身体被癌症击垮之后，才真正明白该如何生活！

直到21世纪初叶，上述这些被排除在主流之外的思考，才终于引起科学家的注意。新的研究领域由此发展出来。科学家越来越有兴趣了解，究竟什么因素能让我们过上满足、幸福、有意义的生活。其中有些理论吸引了大量学者的注意，“积极心理学”（positive psychology）无疑就是其中之一。

关注创伤的积极面

在进一步讨论创伤及其改变之前，我们需要了解一下，积极心理学对如今的心理学研究究竟产生了什么影响。心理学研究方向的变化，无疑反映了更广阔的世界的发展。在此要请读者注意，一般说来，心理学研究发轫于两次世界大战和越南战争的战乱时期。到21世纪初叶，人类社会已变得相对和平与繁荣。外部世界的变化，自然会对心理学研究的重心产生影响。而另一个影响心理学研究的因素是心理学本身的起源。心理学作为一门科学，成长于医学和精神病学发展的前提之下。它曾以精神病学研究为基准，甚至与之使用同一套医学词汇。

在积极心理学诞生之前，心理学界有个不言自明的假设：心理健康与痛苦绝不兼容。因此心理学家一心想弄明白人类的各种心理痛苦，以及如何助人摆脱痛苦、恢复健康。但是，没有痛苦的生活并不等同于幸福。所有这些研究都无法告诉我们，怎样才能给人带来快乐，让人过上有意义的生活。研究者因此将注意力从“悲观”转向“乐观”，从“抑郁”转向“快乐”——从“不能做什么”，转向“可以做什么”，诸如情商、生活品质和心流（flow）之类的新研究蔚然兴起，心理学界研究兴趣的转变随处可见。

1999 年，马丁·塞利格曼（Martin Seligman）[①] 被推举为美国心理学会主席。他认为心理学太过重视生命困境研究，而忽略了对幸福生活的探索。他以自己新任主席的身份，大力推动积极心理学运动：研究人类的坚韧、美德、幸福，以及其他一切能给生命带来乐趣的事物。在那时，积极心理学早已不是一个全新的概念了，但直到塞利格曼将心理学家召集到一起，它才成为心理学界的宠儿，发展成一场声势浩大的学术运动。积极心理学创立至今已有十余年，其理念已渗透到心理学的方方面面。大量关于希望、感激、原谅、好奇、幽默、智慧、愉悦、爱情、勇气和创造力的研究如奔流巨浪，推动心理学发生巨变。塞利格曼的积极心理学运动一举改变了心理学研究的主流趋势。多亏前辈学者的努力和研究，我们现在才能知道，积极的态度对于身心健康和幸福生活来说，有着多么重要的意义。

积极心理学并不认为我们只应关注生活中的积极面。若真如此，积极心理学就和它的对手——只围绕消极心理进行的研究一样片面了。生活有起有伏，只了解任何一方面都不够，我们还需要了解消极和积极的相互影响。尽管二者的关系非常复杂，而且看似矛盾，但是创伤如今已成为积极心理学研究的重点，因为它能帮助我们看到心理变化的全貌。心理学家现在终于意识到，他们过去想得太简单了。我们不应一味追求没有悲伤和不幸的生活，要想获得幸福快乐，必先学会如何在逆境中生活，从逆境中学习。

起初，积极心理学并没有受到学者的重视，也不为学术研究和创伤后临床治疗承认。20 年前，在我第一次向同事讲述我关于创伤积极面的研究时，他们还是一脸茫然。我到现在都记得，我曾深深怀疑自己以后会后悔走错了路。

① 马丁·塞利格曼有关积极心理学的著作《真实的幸福》《活出最乐观的自己》《认识自己，接纳自己》《持续的幸福》《教出乐观的孩子》，已由湛庐文化策划出版。——编者注

当时反对我的人坚称，创伤根本就没有积极面。我不得不一次又一次地向他们解释，创伤确实没有积极面，但是我们在与创伤对抗时会发生积极的变化。现在人们已经认可，心理学研究的视界不应只限于 –5 到 0，而是包括 –5 到 +5。事实上，很多大学和精神健康诊所的心理学家都确信如此。世界各地的心理学实验室也在不断以实验证明，人在经历各种创伤和逆境之后，可能发生积极的改变。

我们可以找到很多词语来描述人在创伤后发生的积极变化，比如“找到意义”（benefit finding）、“逆境后成长”（growth following adversity）、“个人转变”（personal transformation）、“压力成长”（stress-related growth）和“快速成长”（thriving）。而两位心理学临床研究先锋，理查德·特德斯奇（Richard Tedeschi）和劳伦斯·卡尔霍恩（Lawrence Calhoun）在 20 世纪 90 年代中期提出的“创伤后成长”一词，最为人称道。人们现在普遍使用“创伤后成长”来描述这一新兴的研究领域：创伤如何让人过上更幸福的生活。

在现代心理学词汇中，幸福论和享乐论又分别被称作“心理幸福感”（psychological well-being，PWB）和“主观幸福感”（subjective well-being，SWB）。主观幸福感关照的是人的情绪状态——积极情绪与消极情绪的平衡，以及对生活的满意度。简单来说，主观幸福感关心的是快乐。而心理幸福感关照的则是个体生命中更隐蔽的一面——独立、自主、个人成长、健康的人际关系、自我接纳，以及生命的意义。

尽管这两类幸福感之间存在一定的关联性（也就是说，若其中一个上升，另一个也会相应上升），但是它们绝不相同。有人一生享乐，但却缺乏满足感，总认为活得没有意义（主观幸福感高，心理幸福感低）。还有些人虽然不能用“快乐”来形容，但是他们自认为活得很有意义（主观幸福感低，心理幸福感高）。而良好的生活状态，很可能正如伊壁鸠鲁所说的那样，既要有享乐，也要有意义（主观幸福感和心理幸福感都要高）。

心理治疗师进行诊疗、排遣压力时，必须关注求询者的主观幸福感。而创伤后成长则为我们打开了更广阔的视野，让我们开始关注如何增加心理幸福。心理学家既已明白享乐论与幸福论的分别，他们就能理解，虽然创伤本身不是通往快乐的途径，但它却可能通过某种方式，让人过上更幸福的生活。

创伤后成长带来的新认知

创伤性事件如同敲响的警钟，提醒我们认清自己的心灵。创伤，很可能会成为人们永远无法忘却的记忆，在余生不时骚扰，他们可能要花数年时间来与心理痛苦抗争。然而，硬币总有正反两面——幸存者在承受巨大的心理痛苦的同时，可能也会对生活产生新的看法，比如重新认识自己，或者与他人建立起更亲密满足的联系。这些转变都具有重大意义。

创伤后成长有三个核心点。其一是让人认识到生命的不确定性和人事的多变。如果人能够学会承受生命的不确定性，就能认识到不确定性正是人类存在的本质。其二是正念（mindfulness），在于人对自我的认知，以及理解人们的思想、情感和行为如何相互影响。其三是个体自理性（personal agency），让人明白自己所做的任何决定皆有后果，让人对自己的决定负起责任。

创伤会让人认识到上述全部关于人类存在的真理。这种新的认知，将会改变人们对自己的观念，改变对生活的看法，改变生活方式。我在这里想要特别强调，我并不认为人在逆境之中应竭力避免消极反应——须知悔恨、失望和压力本就是生活中不可避免之事。如果一个人想免于其忧，只能说他太过天真。在逆境中成长起来的人，必得接受这些不可避免之事。他们诚实地看待自己，理智地对待未来；他们能够与他人建立深刻、亲密而有价值的联系，在生活中不再崇拜物质或独断专行；他们做起事来合情合理，为人也充满幽默感。

但在创伤性事件发生时，人们首先要考虑的往往是如何求得生存。而在创伤性事件过去之后，首要考虑的却是如何从毁灭性的心理状态中恢复。所以治疗师必须首先关注他们的精神和情绪问题，然后才能进一步协助他们在创伤后成长，活出生命的意义。

扫码下载“湛庐阅读”App，
搜索“杀不死我的必使我强大”，
查看精彩视频：《大难不死，我一生最好的礼物》。

苦痛之殇

创伤的消极面

逆境对于大部分人来说是不可避免的。据统计，世界上75%的人都经历过某种创伤，比如痛失所爱，眼睁睁看着爱人受苦；被诊断出重疾；离异、分居；遭遇事故、骚扰或周遭环境的冲击……每一年，都有大约20%的人会遭受永久性的创伤。每个人都不想受到创伤，但是创伤的发生不可预测、不可控制。若有人认为，人能不受逆境困扰，安然度过一生，这可以说是痴心妄想。

每天都有可怕之事不断上演。就在我写下上面这段话的时候，一列行驶于圣彼得堡和莫斯科之间的列车因爆炸而驶出轨道，造成至少25人死亡，受伤人数则更为庞大。孟加拉国南部一艘从达卡出发的游轮倾覆，58名乘客确认死亡，更多人下落不明，但估计已没有生还希望。美国西雅图，4名警察在一间咖啡馆被枪杀……战争、种族屠杀、饥荒、政局动乱和恐怖主义，在21世纪的第二个十年依旧大行其道，更不用说那些天降横祸，地震、飓风、龙卷风、海啸、洪水、工业事故和飞机坠毁，威胁着人类的生存和福祉。每年还有数百万人遭遇交通事故、家居或工作意外，或者经历离婚和分居。又有多少儿童惨遭虐待，有多少老人孤苦伶仃、无人照拂。种种逆境，无不直击受害者的内心，它们对我们产生的影响，称之为创伤。

英文中的 trauma（创伤）一词来自希腊语，意为“伤口”。它可能是在 17 世纪时作为医学名词首次被引入英语世界的，用以表示身体上的刺伤和伤口，现在它在医学领域仍有这层含义。但随着时间的推移，它也被用于描述精神伤害。弗洛伊德在 20 世纪就曾用类似的词，来描述外部事件对心理防线的破坏。当代心理学家口中“创伤”的含义与其本意其实区别不大：某些事件撕裂了保护我们精神世界的“皮肤”，留下了心理上的“伤口”。

当心理创伤来袭时，我们的身体高度紧张，精神世界也一片混乱。假设你手里拿着一个圣诞雪球，摇晃它，球里瞬间飞雪弥漫；但过一会儿，雪花就安静地落在地上了。雪花需要多久恢复沉寂，要看你一开始用了多大力气摇晃雪球。要想抚平动摇了我们整个精神世界的创伤，道理亦是如此。

有些创伤受害者在相当长的时间里都承受着巨大的心理压力，他们通常被诊断为创伤后应激障碍。我是从 20 世纪 80 年代开始接触这个概念的，当时我正在研究“先锋号”海难事故幸存者的精神状态，那时“创伤后应激障碍”还是个崭新的名词，被引入精神医学领域没几年。

我有很多在临床心理学部门工作的同事甚至都不知道 PTSD 的全称是什么，公众对此更是鲜有所闻。但 20 年之后，情况完全改变了。在所有的心理状态中，心理学家对创伤后应激障碍的研究最为广泛和深入。在当今世界，很难想象有谁没听说过创伤后应激障碍——人们不是通过自己的亲身经历来了解它，就是通过大众媒体的宣传有所知晓。尽管如此，创伤后应激障碍的概念仍在演进，而且学者常为此争论不休，其定义也曾几经修改。科学家仍在探索，创伤后心理压力正常之人，与陷入不良精神状态不得摆脱之人的区别何在。许多专业人士把创伤后应激障碍视为诊断精神疾病的好方法，但也有人认为，创伤后应激障碍诊断现在已被过度使用。

毋庸置疑，创伤后应激障碍为大众媒体和专业人士提供了一个新词汇，用来描述创伤可能给人带来的打击。在1980年美国心理学会定义创伤后应激障碍之前，心理学界还没有一个正式的诊断词汇可以用来描述创伤后的心理压力。当然，这并不意味着在那以前人们不曾受到创伤的影响。创伤一直与人类如影随形，只不过时代有异，表述形式可能稍有不同。本章将为您深入挖掘创伤后应激障碍的历史，探讨20世纪后半叶创伤后应激障碍诊断的起源。

创伤的历史

对创伤的最早描述，也许出自苏美尔人于5 000年前刻在泥板上的《吉尔伽美什史诗》（*Epic of Gilgamesh*）。史诗讲述的是古巴比伦国王吉尔伽美什因为最亲密的朋友恩奇都（Enkidu）离世而发狂的故事：

> 我惊惧于他现在的模样。我开始恐惧死亡的到来，在原野彷徨。
>
> 我怎能保持沉默，我怎能无动于衷！我挚爱的友人在今日魂归泥土！
>
> 我难道不会和他一样！我难道不会永远沉睡，不再醒来！
>
> 所以我现在必须上路，去远方寻找乌特纳比西丁。
>
> 甜蜜的睡眠无法为我享受，失眠倒常来侵扰。我的身体满载苦痛。

在接下来的几个世纪里，我们也能找到类似的心理描写。比如荷马史诗《伊利亚特》中就有一段对心理创伤的精确描述。特洛伊之战时，希腊战士阿喀琉斯遭到指挥官阿伽门农的背叛。阿喀琉斯的世界就此颠覆，愤怒蒙蔽了他的理智，直到他最好的朋友帕特洛克罗斯战死沙场。阿喀琉斯满怀哀伤，濒临绝境。他噩梦不断，内疚万分，失去了自我控制的能力。荷马史诗中这段关于创伤的描写，与从越战归来的美国士兵表现出来的心理状态何其相似！这样的创伤后应激障碍，似乎根植于人类的本性。

荷马之后400年，希腊历史学家希罗多德记述了另一个关于创伤的故事，也与第一次世界大战中许多士兵的经历契合。他这样描述参与公元前490年马拉松之战的雅典士兵伊帕泽洛斯（Epizelus）：

> 伊帕泽洛斯，库帕戈拉斯（Cuphagorus）之子。他在作战中异常勇猛，但忽然丧失了全部视力，尽管剑、矛和飞弹都不曾伤他分毫。从那时起，他终生陷于黑暗。他这样谈及自己的经历：在幻觉中，他看到一个身披重甲、异常高大的男人向他走来，胡子直垂到盾牌。但鬼魂没有杀他，却走过去杀死了他身旁的战友。

作家塞缪尔·佩皮斯（Samuel Pepys）亲身经历了发生于1666年8月的伦敦大火。大火摧毁了伦敦旧城的大部分地区，那里有很多木结构房屋。在这场如炼狱般的大火中，圣保罗大教堂也被烧毁。6个月之后，他在1667年2月18日的日记中写道，他依旧能“梦到那场大火和不断倒塌的房屋”，依旧能感到深深的恐惧，仿佛大火马上就要烧到他家门口。佩皮斯持续受到失眠问题的困扰，“我在这6天里还能看到火灾后的灰烬冒出的乌烟。我没有一天不是怀着对大火的恐惧上床休息，没有一天不因思虑火灾而辗转难眠，直到凌晨两点”。

又过了200年，随着工业革命的发展和铁道的出现，创伤也有了新的肇因——人类第一次目睹高速行驶的列车发生事故。早年的铁路旅行充满危险，每年都会造成数百人死亡。约翰·埃里克森（John Eric Erichsen）医生在1867年出版的《关于铁路和其他神经系统损伤》（*On Railway and Other Injuries of the Nervous System*）一书中，定义了所谓的“铁路事故性脊柱”（railway spine）。这种病症亦称“埃里克森氏症”，是火车事故幸存者可能罹患的一种精神－生理综合征。埃里克森医生在书中介绍了他针对该病患者的系列研究，患者都有记忆障碍和失眠问题，也为梦魇和轻瘫[①]困扰。

查尔斯·狄更斯也是铁路病的受害者。1865年，他乘坐的火车在

① 指未完全性瘫痪。——译者注

行驶至肯特郡斯泰普赫斯特（Staplehurst）时发生脱轨。万幸的是，他并未受伤，还在事故发生后自愿留在当地救扶死伤。但在事故发生后的几个小时，他说自己感到“被击垮了”。几天之后，他明显已为负面情绪淹没，抱怨说“发晕、难受”。几年之后，他在给女儿的一封信里这样写道：“我的状态很不好，那次铁道事故造成的神经战栗至今仍未消失。我莫名感到虚弱，就像生过一场大病。”狄更斯认为这一切都是当年的铁路事故所致，他从此不敢再坐火车旅行。在事故五周年那天，狄更斯告别人世。

创伤的成因

我们可以从过往历史中了解，创伤之后有人噩梦不断，有人陷于焦虑，有人囿于困境。人们对这些感受的看法，会因文化和时代的差异而有所不同。每一个时代、每一种文化都对创伤有其独特的理解方式。现在我们认为，失眠、沮丧等生理、心理反应都是创伤后应激障碍的症状。但是创伤的历史却告诉我们，人类对这些感受的理解并非一成不变，其社会意义也在不断变化。创伤究竟有何意义？创伤后人们的感受又该做何解释？不同时代和文化对此的看法不尽相同。对创伤观念影响最大的，是我们对创伤原因的认识。创伤的起因究竟是什么，历史上有两大观念，双方相互攻讦。一种观念认为，精神创伤之所以发生，是因为人在心理或生理上受到伤害；另一种则认为，精神创伤之所以发生，是因为外界压力对人类的心灵和身体造成了过重负荷。

虽然“铁路事故性脊柱”在当时已经被确定为疾病，但其成因依然是人们热议的话题。埃里克森认为，铁路病之所以产生，是因为人类脊椎受到震动，伤及神经系统。但在当时，人们还对神经系统的运作不甚了解。有人另辟蹊径，寻求造成铁路病的其他原因。1883 年，赫伯特 · 佩吉（Herbert Page）发表言论，认为铁路病与其说是生理失调，不如说是精神失调。据他分析，这类症状常与所谓“神经性休克”（nervous shock）有关。他写道：

> 一个强壮健康的人忽然之间失掉了控制情绪的全部能力，在临床医学领域还有什么比这更令人沮丧？有人因难以摆脱事故的影响而无法成眠；有人听到细微的响动都会惊醒；有人躺在床上，不敢动弹分毫；有人若听到别人跟他说话就会心脏狂跳；还有人听到任何与他的现状或未来有关的话，就会泪流满面。

虽然现代心理学教科书上已不大提及铁路事故性脊柱了，但关于创伤成因的讨论一直延续至今。弗洛伊德在19世纪末曾重点研究过另一种情绪障碍——歇斯底里。其症状包括生理失能（比如抽搐或失明），以及做出怪诞而毫无意义的举动。弗洛伊德之前的医生对歇斯底里症鲜有兴趣，弗洛伊德却认为，歇斯底里症患者承受着实实在在的精神痛苦，生活严重受到威胁。在过去几个世纪，人们一直以为只有女人才会患上歇斯底里症。[①]最初人们以为，歇斯底里的病因是子宫内血液不能流通，致使女性无法维持理智。到了弗洛伊德时代，大多数人依旧认为，歇斯底里只属于女性——虽然这一说法已遭到质疑。歇斯底里是弗洛伊德得以创立精神分析法之滥觞。弗洛伊德理论的核心是，歇斯底里源于精神创伤。他认为，歇斯底里的根源，其实是深藏于潜意识中的隐秘创伤。

弗洛伊德列举的患者中，最著名的无疑是那位名为安娜·欧（Anna O）的年轻女性。她表现出多种生理失调症状，比如毫无生理原因的抽搐、视线模糊、失聪和情绪起伏。她是弗洛伊德的同事约瑟夫·布洛伊尔（Josef Breuer）的病人，布洛伊尔起初以为她患上了歇斯底里症，施以相应治疗；但后来他应安娜的要求改变治疗方式，倾听她表达心中的想法——后来人们常说的“自由联想法”（free association）便由此诞生。布洛伊尔和弗洛伊德以此治疗记录为基础，发表了产生广泛影响的歇斯底里理论：精神官能症的根由隐藏于潜意识之中，

---

① hysteria（歇斯底里）一词来自拉丁语，意为“扰乱的子宫”。

如果患者能够发掘出这个根由，其症状就能消退。安娜·欧后来成为一位著名的社会工作者，她把布洛伊尔的治疗方法称为“谈话疗法”（talking cure）。[①]

弗洛伊德在此之后继续探讨歇斯底里症的病因，他最富争议的观点是，歇斯底里的根源是患者在童年时期曾遭成人性侵——这也引发了他和布洛伊尔的分歧，二人的合作关系就此破裂。弗洛伊德在1896年写道：“我提出这样的假设，如果我们深入发掘歇斯底里患者的人生经历，就会发现她们在童年时期都有至少一次性经验。”弗洛伊德推测，人们会忘记自己在童年时所受的性创伤，直到青春期到来，他们的性行为唤醒了被压抑的早期记忆，引发歇斯底里。

起初，弗洛伊德信心满满地为自己的“诱奸理论”辩护。但随着时间推移，他也开始怀疑：是否所有病患都曾在童年时遭到性侵？他最初构建这个理论时，假设性欲与心理抑制的冲突也能导致歇斯底里。但后来他不再继续发展这个理论，转过头来一门心思研究人隐藏在潜意识中的欲望。这时他认为，歇斯底里的病因不只性侵犯这一个。弗洛伊德最终把“诱奸理论”换成了“性幻想理论”，后者强调的不是真实的性经验，而是压抑的性幻想和根植于本能的性冲突。当时有批评者说，这意味着弗洛伊德已对现实创伤失去兴趣，一心只研究潜伏在潜意识里的动机。但与弗洛伊德同时代的大多数精神分析学家都赞同他修正诱奸理论。弗洛伊德提出的潜意识理论，最终成就了他现在的地位。

弗洛伊德早年曾把性侵犯视作歇斯底里的根源，这一理论在整个20世纪几乎为人遗忘，直到女性主义学者在20世纪七八十年代对此进行重新评议。他们重新拾起弗洛伊德的性侵理论，认为他后来背离了真理。他们广泛研究了童年遭受性侵对人的破坏性影响，找到了新的证据。他们认为，弗洛伊德之所以会撤回这个理论，是因为性侵问题在19世纪末的维也纳太过敏感。

---

① 安娜·欧的真名是伯莎·巴本海姆（Bertha Pappenheim），她的案例虽然在心理医学发展史上具有重要地位，但是至今仍然饱受争议。很多现代批评者认为，安娜·欧其实患有癫痫症，但是被布洛伊尔和弗洛伊德误诊了。

性侵是心理健康问题的原因之一，这一观点现在当然不再受人质疑。事实上，它已成为心理学家和心理咨询师广泛接受的观念。但正如弗洛伊德当初逐渐意识到的那样，性侵犯并非创伤的唯一原因。他转向别处寻求答案，无疑是正确的做法。他后来把注意转移到潜意识和性幻想表达上来，奠定了精神分析学的基础。然而他太过看重自己的新理论，不再关注生活中真实发生过的事件对人的影响。

炮弹休克

第一次世界大战使精神创伤成为精神医学研究的核心。当时精神医学才刚刚起步，仍被视为医学的分支。但在战争过后，它越来越受到重视。从历史上看，战争在重新定义创伤方面起到了关键作用。

战时服役的青年男子被仓促推上前线，他们没有受到充分的训练，对即将经历的持续数月的狂轰滥炸、死亡和毁灭全然没有准备。威尔弗雷德·欧文（Wilfred Owen）曾目睹战友死于炮弹袭击。他在著名诗歌《为国捐躯是好事》（*Dulce et Decorum est*）中道出了惊惧：

> 我看到他陷入绿色的海洋，就要被淹死。
> 像在梦中，
> 我无助的眼神看见，
> 他向我扑来，任海水肆虐，窒息、溺毙。

情绪不稳定的士兵被撤下前线，送到新开设的精神科医院进行治疗。上级期望他们能在数日之后重振精神，再返沙场。但对于大多数青年战士来说，重回前线实在太过痛苦。有人试图逃跑，有人故意违反军纪。士兵若因畏惧而无法履行职责，常会被指责为懦夫。有数百名士兵因为不够勇敢或者临阵逃跑而受到军事法庭的审判，最后被执行枪决。尽管如此，逃兵非但没有减少，反而日渐增加。人们开始意识到，在这个现象背后或许还有更深层的诱因，如瘟疫暴发般在新兵中散布。而那些被撤下战场的士兵占满了医院的病床，饱受梦魇的折磨，时常梦到过去所见的悲惨景象，他们显然需要帮助。

英国皇家陆军医疗部队将官亚瑟·赫斯特（Arthur Hurst）记录了一个23岁的年轻士兵M的故事。M患上了失语症，他不记得自己是谁，不知道自己身处何地，一举一动皆如儿童，成天只愿摆弄玩具。两年后的一个深夜，他忽然感到头脑中发生了变化——他的语言能力回来了，他又能像从前那样开口说话。但他只记得自己几天前还在前线打仗，对这两年来在他身上发生的一切毫无印象。

英国战争部在接到大量此类报告之后，不得不出面解释这奇怪现象的成因。皇家陆军医疗部队的医生查尔斯·迈尔斯（Charles Myers）将自己的观察撰写成文，于1915年发表在著名医学期刊《柳叶刀》上，并且首次使用了“炮弹休克”（shell shock）一词。

有三个在近距离爆炸中受伤的士兵，其中一个年仅20岁，在炸弹爆炸之际被铁丝网困住。炮弹带着熔化的金属碎片如雨点一般向他袭来，万幸的是，他及时逃脱，毫发无损——至少在当时看来如此。然而数周之后，人们发现他时常情绪崩溃、痛哭不已，记忆也出现障碍。迈尔斯认为，爆炸发出的巨大声响引发了某种“大脑分子混乱”。

另一位医生罗斯（R. G. Rows）进一步拓展了“炮弹休克症”的概念。他推测，炮弹爆炸产生的大气压力导致了大脑的微型损伤。他在1916年发表的一篇论文中描述了战争应激反应，与现在定义的创伤后应激障碍症状极为相似：

> 包括害怕、恐惧在内的某些特殊情绪产生的生理表征，可以在很长一段时间里持续不变。生理表征又与持续回溯过往经历激发的某种情绪有关……（士兵）很清楚自己狂躁易怒，他们无法找到任何感兴趣的事，也无法对某件事物

维持长期关注……以上所述种种，都是与士兵切身相关的事，让他们陷入持续焦虑之中。而他们搞不明白自己的心理状态，这让他们更加焦虑。

迈尔斯提出的“炮弹休克症”概念，如同草原野火般传播开来。但其成因和“铁路事故性脊柱”一样，仍然悬而未决。炮弹休克究竟是生理疾病，还是心理失调？人们仍未知其然，究其肇因，到底是爆炸震动带来的物理刺激，还是战争引发的疲劳、饥饿和压力等精神因素？

罗斯主张的大气压力理论很快引发了争论。越来越多的士兵被诊断出炮弹休克，但是其中很多人从未受到炸弹威胁。一位名为里维斯（W. H. Rivers）的医生对此提出了另一种解释，他认为，大批参战的士兵接受训练的时间都太短，速度也太快，结果就是，他们没有建立起足够的心理防线来应对战争。里维斯和其他少数几位医生主张，应给予士兵更多人道支援。但是大多数人仍然坚持认为，这些士兵不过是意志薄弱或者道德低下，他们需要的是更严格的纪律约束。身受炮弹休克之苦的士兵常常得不到同情，也无法得到治疗。

由于受炮弹休克所害的士兵人数实在太多，人们不得不重新审视这一现象。炮弹休克不能再被简单视为道德低下的结果。在索姆河战役中，数以百万计的英国士兵离开战壕，在机关枪的掩护下冲向德军防线。很多人被铁丝网钩住，悲惨地死去，还有很多人被炮弹炸成碎片。仅在战役打响的第一天，就有超过57 000名英国士兵伤亡，其中19 000人牺牲。如前所述，大气压力的解释已经站不住脚：有太多接受心理治疗的士兵并未受到爆炸的伤害。于是，人们开始为炮弹休克现象寻求心理学方面的解释。

到战争快结束的时候，大多数科学家已经接受了这样的观点：战争应激反应直接来自战争带来的巨大压力，应被视为人在高压之下的“正常”心理反应，而不应作为道德沦丧的证据。

此时，年事渐高的弗洛伊德再次被精神创伤所吸引，他以士兵为对象，重新开始进行创伤研究。当时弗洛伊德认为，梦是愿望的满足，而愿望又一定与快感有关。但他在听士兵讲述噩梦之后，意识到他的精神分析理论并不适用于士兵的情况。这种情况后来被称作“战争神经官能症”（war neurosis），其最重要的表征是，患者会不断回想或梦到战场上的可怖景象。弗洛伊德又一次被迫重新审视自己的观点，以适应新的案例，他对创伤的认识又发生了新的变化。

弗洛伊德在1920年出版了新书《超越快乐原则》（*Beyond the Pleasure Principle*）。弗洛伊德在书中提出，人之所以会重复做同样的梦，是因为他想掌控某些给他带来压力的情境。他说，这类梦境是一种“强迫性重复”（repetition compulsion）：大脑会一遍又一遍地回放某段特定记忆，试图改写其中包含的创伤经历。

与弗洛伊德同时代的法国精神科医生皮埃尔·雅内（Pierre Janet）也和弗洛伊德的研究方向类似。他注意到，心理健康之人对某次经历的记忆，在各方面（包括行为、思想、情绪和场景）一定都是统一的。而研究表明，和创伤经验有关的记忆与之不同，会脱离意识觉知（conscious awareness），表现为焦虑、噩梦和闪回，如此种种又会融入最初的记忆。因此他提出，在进行心理治疗时，应要求患者用自己的话来讲述过去的创伤记忆。这番结论，直到现在仍然是创伤理论的核心思想。

第二次世界大战带来许多新的诊断术语，比如前面提到过的战争神经官能症、战斗疲劳症（battle fatigue）、战斗衰竭症（combat exhaustion）、创伤恐惧症（post-trauma syndrome）和创伤综合征（traumatophobia）。与此同时，非战场创伤受害者的负面心理状况也被学者记录下来。1942年11月28日，波士顿一家名为“椰树林”（Cocoanut Grove）的酒吧被大火夷为平地。大火夺走了492条生命，受伤之人数以百计。心理学家亚历山德拉·阿德勒（Alexandra Adler）在研究幸存者的心理状态时注意到，在事故发生一年之后，大约半数幸存者仍然会受到噩梦和失眠的困扰，会因自己幸存下来而深感内疚，会对任何与那场大火有关的事物心怀惊惧。

到了20世纪中叶，创伤的负面影响已经得到了相当完备的记录，但当时心理学者还没有找出正规的诊断方法，告诉我们沉重的心理压力对人类机能究竟会产生怎样的影响。但它终将出现——不久后爆发的越南战争将再次给世人带来创伤，人们迫切需要找到一种诊断创伤的方法。

从创伤到创伤后应激障碍

越南战争给人带来的创伤难以估量，很多士兵在参战时还相当年轻，在18岁生日当天应征入伍，扩充军队。有许多人在入伍之前从未离开家乡，此刻却要远赴他国，去打一场可怕的战争。很多越战士兵因战争产生了严重的心理问题。当时人们认为，这些士兵患上了抑郁、焦虑症，他们滥用药物，甚至发展出人格障碍和精神分裂。但这些诊断中，没有一个能解释其他症状，比如噩梦、情绪麻木和过度警觉（有此症状的人神经过于敏感，极易受惊，时刻警惕危险）；也没有一个能明确指出这些症状的根源。

随着心理疾病患者的增加，心理医疗工作者越发感到建立一种正规诊疗门类的必要性。20世纪70年代末，创伤心理学刚刚建立未久，一群反对越战的心理学家和学者召开研讨会，讨论如何从精神医学角度定义战争对人类心灵的破坏。美国精神医学学会（American Psychiatric Association）参考了大量与战争心理影响有关的调查研究，在代表越战老兵的社会活动家的支持下，在1980年出版的第三版《精神障碍诊断与统计手册》（*Diagnostic and Statistical Manual of Mental Disorders, DSM-III*）大胆引入“创伤后应激障碍”的概念。[①] 但是创伤后应激障碍并未立刻得到世人认可，部分精神科医师倾向于使用描述更精确的词，比如“越战战后综合征”（post-Vietnam syndrome）。但也有学者

① 《精神障碍诊断与统计手册》是美国精神医学学会为精神科医师提供的指导手册，初版于1952年，历经6次再版，最新版本于2013年发布。

极力主张，这个新的诊疗门类应该拥有足够的包容性，最好能够把 20 世纪其他悲惨事件也包括进来，比如犹太人大屠杀和广岛核爆炸——这些事件也会引发类似的心理反应。

创伤后应激障碍和 *DSM-III* 其他大多数诊断门类又有所区别。人们认为，前者由心理创伤直接造成，而后者大多数症状的成因都无从了解。这二者的差别，正是理解创伤后应激障碍的关键所在：任何人在面对极端情况时，都可能患上创伤后应激障碍。创伤后应激障碍诊断的诞生，一举改变了人们对战争创伤和越南老兵的看法。

记录越南战争的影像资料比之前的历次战争要多得多。美国人坐在自家客厅里就能亲眼见证战争的恐怖。电视播报的“美莱村屠杀”，更让普通人了解到部分越战士兵的暴虐。战争已接近尾声，美国国内的反战情绪依然持续高涨。国内社会有意隔离战争，自然也将回国的士兵隔离在外。反战运动如当头冷水，极大地影响了士兵的情绪。在回归家园之后，他们不得不面对反战人士的公开责难，挫败感铺天盖地而来，让很多老兵备感隔绝和孤独。人们指责越战老兵的战争暴行，把他们看成精神病患者，甚至称他们为“儿童杀手”。这种抵触情绪本身也极具攻击性。越南战争之所以会对越战老兵产生如此持续而深远的影响，与他们回美国后遇到的强烈敌意不无关系。

DSM-III 的创伤后应激障碍诊断让人们对越战老兵有了新的认识，了解到他们经历的痛苦，也让公众改变了敌对态度，对他们表现出更多同情。不久之后，许多民间团体也和越战老兵一样，呼吁社会广泛应用创伤后应激障碍诊断。

女权主义者正是这些团体的其中之一。20 世纪七八十年代，女权主义者试图扭转精神医学对女性的性别偏见，比如给女性贴上各种精神病易患人群的标签。“边缘型人格障碍”（borderline personality disorder，BPD）正是其中之一。BPD 强调人格缺陷，被认为带有歧视女性的色彩。部分女权主义者希望通过比对边缘型人格障碍症状与创伤后应激障碍症状的相似性（事实上，很多患有边缘型人格障碍的女性都曾在童年时期被虐待或忽视），来让社会了解虐待给人带来的心理伤害，唤起人们对惨遭家庭暴力和童年性虐待的女性的同情。尽管边缘型人格障碍和创伤后应激障碍起初看来似乎截然不同，但它们在心理学家的剖析之下显现出极为相似的内核。人们开始认识到，童年创伤会对人类的自我调节和情绪表达能力产生深远影响，阻碍我们追求有意义的生活。

简单来说，人们现在普遍认为心理疾病的肇因是外部事件，而非个人“品格”。战争老兵和受虐待的女性都因创伤后应激障碍诊断受益。创伤后应激障碍也在心理学界引发了新一轮的讨论：创伤究竟是如何影响心理机能的？创伤后应激障碍诊断融合了过去数十年来人们对创伤概念的科学探索，现在已为世界各地的精神健康专家广泛应用。

但我们也应该知道，我们究竟如何理解精神障碍，其实是由文化决定的。我们定义为“心理问题”的东西以及所谓的治疗方法，其实都不过是我们所处的社会在历史中某个阶段偶然给出的定义，是人类加诸自身的定义，而非根深蒂固的事实。

关于创伤成因的争论，直到今天仍在继续，并且不断重塑整个社会的认知：经受创伤之人，是否应该得到同情和帮助？文化影响了我们对精神疾病的看法，也塑造了我们的观念——在创伤性事件发生之后，该做何反应？生活于不同社会的人，对于情绪表达、人生价值、个人责任、生活目标的看法都不尽相同，所有这些差异都影响了我们承受与应对创伤的方式。在开始讨论创伤后应激障碍症状之前，我们需要了解创伤和精神疾病的可变性。而本书的终极目标正是谋求转变。我希望人们能转变现在对创伤的认识——创伤后应激障碍，本就是一个自然、正常的过程；我们有可能在这一过程中完成自己的创伤后成长。对创伤的新看法不仅切合人类的医疗经验，而且更重要的是，它把谋求康复的责任交回到正饱受创伤折磨的人手中。

创伤后的消极反应

1980 年出版的第三版《精神障碍诊断与统计手册》将创伤后应激障碍症状分为三类：再度体验创伤性事件、反应麻木以及其他杂项，包括失忆、难以集中注意力、过度警觉、失眠、逃避与创伤有关的刺激和负罪感。随着手册的历次修订，创伤后应激障碍症状的分类也在变化。最新一版手册将创伤后应激障碍症状分成四类：侵入性再度体验创伤性事件，避免接触任何可能引发创伤回忆的事物，产生与事件有关的消极认知或情绪，因创伤而引发消极反应。

创伤后应激障碍的第一个特征是侵入性再度体验创伤性事件。有时候，人会在不自愿的情况下回忆起曾经发生之事，被迫再度体验创伤。思想、感觉、影像和记忆一股脑侵入自觉意识，引发激烈的情绪反应，比如惊惶、恐惧、悲痛和绝望。有时创伤性事件也会以梦或者噩梦的形式重现。还记得莱昂·格林曼的故事吗？格林曼在自传里写道，战争结束 20 年之后，他仍然能梦到自己重回奥斯维辛，看到同伴再一次被一一绞死，自己也再一次从磨刀霍霍的纳粹党卫兵军官手下逃亡。

人在醒着的情况下也可能通过闪回或幻觉来重温创伤性事件。闪回突然而至、真切无比，仿佛悲剧再次降临，常有生理反应与之相伴，如心跳加速、汗流不止。通常来说，正在经历闪回的人分不清现实与记忆的边界，在他们看来，闪回无疑就是“当前”正在发生之事。

有个叫大卫的男人和朋友们在游艇上聚会，深夜，游艇被驳船撞沉，大卫侥幸生还，但他的朋友都在那一夜死去。从那以后，他一直被愧疚折磨，认为自己没有尽最大努力去救朋友。他难以成眠，常回忆起当时发生之事。数月后的一天晚上，他乘巴士外出，在巴士行驶到一座桥上时，他看见桥下河流反射的粼粼波光，可怕的闪回倏忽而至——他觉得自己又回到了那被命运折磨的一夜，回到了那艘游轮的甲板上。几个小时后他才镇定下来，思维回到现实世界。

外界刺激如影像、声音、气味、环境和人物，都能带人重回创伤之时。内部因素如情绪、想法和心理状态，也能起到同样作用。1988 年泛美航空 103 号班机在苏格兰小镇洛克比上空爆炸，现场目击者都记得空气中弥漫的飞机汽油味。20 多年后，类似的气味依然能让他们清晰回忆起当年的惨剧。还有一些其他因素，也能勾起人们的清晰回忆。心理学家大卫·墨菲（David Murphy）曾研究过一个案例：有个男人说，每次他和长着胡子的男人拥抱，胡茬都能让他回想起自己童年时期在寄养家庭遭受的虐待。墨菲把此现象称为“胡茬效应”（stubble effect）。

正常的记忆往往会随时间流逝而为人淡忘，创伤记忆则恰恰相反。创伤记忆不但会长留不去，还会被不断放大，深深烙印在头脑之中（参见图 2-1）。一个越战老兵在回国 30 多年之后，仍然记得“他们痛得大叫，腿被炸飞，肠子流出来，眼睛也瞎了……”创伤关乎人的生死，它永不会离你而去，它会一直鲜活地存在于你的记忆深处。你可以把它埋在心底，尽最大努力去过好现在的生活——但它不会从记忆里消失不见，它一直都在。

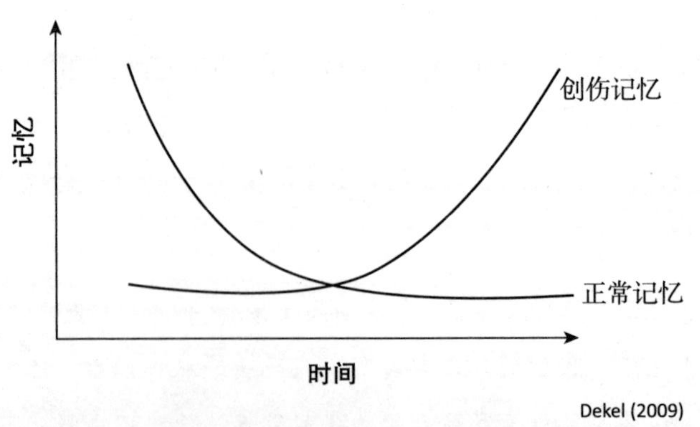

图 2-1　正常记忆和创伤记忆与时间变化的关系

不过，请记住，一个人怀有创伤记忆，并不意味着就一定会患上创伤后应激障碍。在我们的一生中，谁都会遭遇可怕或悲剧之事，与之相关的记忆会伴随我们度过余生，但是这并不意味着我们都会产生心理障碍。事实上，记住这些创伤，对我们来说可能还有益处，因为它们往往是我们生命的转折点，重新定义了我们的价值。

创伤后应激障碍的第二个特征是，人们会有意避开能唤起创伤记忆的刺激源，例如某些想法、感觉、人、对话、情景和活动。

> 珍正怀着第三个孩子。她在预产期之前开始宫缩，被紧急送入医院。她在分娩时遭遇大出血。那是一段恐怖的经历——她当时觉得自己可能会死掉。她时而清醒，时而昏迷，恍惚之中好像听到一个声音说："我觉得她已经死了。"然后她就彻底昏迷过去。第二天醒来的时候，她以为自己的孩子死了。但随后她意识到孩子还活着，正躺在她身侧。
>
> 在接下来的几周，她开始刻意回避，努力阻止自己回想起分娩时的痛苦。她会避开任何提及"怀孕"的报章杂志；如果电视上播放出什么勾起她记忆的东西，她也会立刻把电视关掉；如果在街上看到母亲和婴儿，她也会立刻走到马路对面。

创伤后应激障碍的第三个特征是，人会产生消极认知和消极情绪。比如说，罹患创伤后应激障碍的人可能会感到孤立与隔阂；会感到失掉了与他人的联系；很难感受到快乐、爱与亲密；会对日常活动失去兴趣。玛利亚曾遭到性侵犯，她说那以后总觉得身体麻木，仿佛脖子以下的部分都不再属于自己，她把自己称为"活死人"。她也会看电视，但并不是真的在看，只是木然地盯着屏幕，对任何节目都提不起一点兴趣。另外有些人还可能会失忆。

创伤后应激障碍的第四个特征是，因创伤而引发消极反应。部分患者更常表现出情绪不稳，容易暴怒。他们对他人常常抱有敌意，或者极易动怒。很多创伤性事件的亲历者都说，他们在控制脾气方面出了问题。睡眠质量也很糟，常受失眠和噩梦的困扰。有人甚至会产生幻觉，常常过度警觉，神经紧绷，警惕周围环境的威胁信号，试图发现潜在危险——而这些危险，通常都与创伤性事件的成因有关。他们也很容易受到惊吓，表现出过度的惊惧。有个曾参加过马岛战争（Falklands War）的男人告诉我，听到屋外汽车逆火的声响，他会立即从椅子上跳起来。他们内心的焦虑会通过生理反应表现出来，比如心跳加速、呼吸急促、冒冷汗和心脏悸动。

> 卡罗尔是2005年7月伦敦地铁爆炸案的幸存者。她告诉我，虽然爆炸已经过去好几年，但她现在乘地铁上下班的时候仍会保持高度警惕。她要确保自己坐在列车前端或末端，因为她知道，那是救援人员最先到达的区域。她也知道哪列车更接近地面，哪列车的隧道更宽。她向我解释说，隧道越深，也就越窄，就像虫洞一样。如果爆炸发生于狭窄的隧道，那么列车就会向内爆炸。但如果爆炸发生于较为宽阔的隧道，那么列车就会向外爆炸，她可能还有逃生的机会。

创伤后应激障碍症状究竟该如何分类，仍然没有定论。精神疾病的诊断标准，也需要不断复核和修改。前面描述的症状，无不给人带来极大的痛苦和伤害，但它们也是人类在面对痛苦与危难时产生的再正常和自然不过的反应。它们甚至可能发生在日常生活之中，参加考试、工作面试，或者与伴侣吵架，都可能引发类似反应，只不过激烈程度较低。

创伤后应激障碍的严重程度，从低到高渐次变化。从这个意义上看，“创伤后心理压力”可能比“创伤后应激反应”更能表达这种变化的连续性：一旦心理压力达到某一水平，就可以被诊断为创伤后应激障碍。

创伤后应激障碍的界线

处于心理压力“变化区间”两端的人，表现极为不同。大多数精神医师认为，他们应该被划分成截然不同的两类，但对于处在渐变区间中间位置的人来说，情况要复杂得多。很多经历过创伤之人表现出来的症状，并不完全符合创伤后应激障碍诊断的标准，他们可能只表现出一两种症状，但是精神状态却可能和确诊为创伤后应激障碍的人相差无几。尽管如此，他们通常也会被划归到非创伤后应激障碍人群之中。正因为如此，简单地说谁患上而谁没有，只会引来更多疑问。

那么创伤后应激障碍孰有孰无，界线何在？创伤后应激障碍诊断的目标症状主要是入侵式回忆、刻意规避、情绪化和易怒性。一旦这些症状变得十分频繁和激烈，人就失掉了正常工作生活的能力。但我们应该在哪里划下患病与否的界线？随着这些年来创伤后应激障碍诊断的不断发展变化，界线也在移动。创伤后应激障碍其实和其他精神障碍一样，患病与否之间的疆界十分模糊。

但我们还是可以做一个总括：创伤后应激障碍患者与非患者之间的分别在于，前者的生活完全围绕创伤后应激障碍进行。患者很难控制自己的情绪。一个曾受暴力袭击的女子告诉我，她常想“如果我当时做了什么”，坏事就不会发生。她的全部生活决策都围绕于此。她解释说，她每天都会尽其所能，把日常风险降到最低。她警觉多疑，总感觉随时会发生危险，只能时刻保持警惕。她不断幻想各种可能发生的意外，就算只是逛逛街，她也会紧张万分。她的生活因此受到诸多限制。她不能看电视，因为怕看到与暴力有关的影像；她不能处理自己的负面记忆，因为记忆会让她回想起创伤之事。她也不能在繁忙时段去购物，因为每次有人走到她旁边，她都会焦虑不安——特别是在那些可能撞见当初攻击她的人的地方。

如果未曾亲身经历，你可能很难想象创伤后应激障碍给人带来的恐惧和绝望有多么严重。不妨想一想表现主义画家爱德华·蒙克（Edvard Munch）的名作《焦虑》（*Angst*）吧！想一想画中人们瞪大了的警戒的眼睛。或者可以想一想他的另一幅名画《呐喊》（*The Scream*）——血红色天空下痛苦扭曲的人脸。画中人物眼中所见的，都不是他们面对的真实世界，而是盘桓在头脑中挥之不去、令人惊惧万分的创伤。也许我们能通过这两幅画，稍微了解一点患者的感受。

创伤后应激障碍是如此令人沮丧，患者常会产生自杀的念头。有一个曾卷入恶性伤害事件的男人怕极了做梦，他害怕在梦中重见那些可怕的景象，所以每天晚上都尽力阻止自己入睡。但他到最后还是会支撑不住，不情愿地昏睡过去。几个小时后的清晨，他会突然惊醒，一身冷汗——他又做了噩梦，在梦中被人追杀，甚至被勒死。几个月后，他开始想要自杀，为此寻求专业援助。值得庆幸的是，他得到了很好的建议，治疗帮助他理清了自己的感受，让他明白自己不是“疯了”，并且寻得了解决噩梦、安享睡眠的方法。

但是，有很多人直到最后一刻才想到应该寻求专业人士的帮助。因为他们觉得，向人求助是软弱的标志，他们不愿意成为需要精神医师援助的人，或者希望掩饰自己的创伤。

雪伦在经历了一次痛苦的生产之后患上创伤后应激障碍。她在事情过去之后的许多年里，一直耻于谈起自己的痛苦。她认为，母亲应该爱她的孩子，但是她却不爱自己的孩子。这是不是意味着，自己是一个太过糟糕的母亲？她常常为此疑惑、忧虑。但她并未寻求帮助，而是试图对自己（和丈夫）撒谎，假装一切安然无恙。一天下午，她偶然听到我在广播里谈论与生产有关的创伤后应激障碍——说的正是她那种情况。她后来告诉我，我当时的广播让她下定决心去看心理医生。“当我意识到，我不是唯一一个有这种感受的人时，我觉得一切都不一样了。”

由创伤到症状，每个人的经历都不相同。很多创伤后应激障碍患者竭力回避所有能让他们想起创伤经历的事物。人们的应激源各式各样。对于雪伦来说，应激源是她对再生第二个孩子的恐惧。她说：“我会尽力避免再次生产。如果不幸怀孕，我宁愿去死，也不想再次生育。”对雪伦来说，刻意回避已成为一个严重问题，极大地影响了她的婚姻。雪伦从未对丈夫谈起过她的感受，但她尽一切努力避免怀孕。她开始服用避孕药，并且尽可能不过性生活。她的婚姻状况终于恶化，最后以离婚收场。雪伦从未向丈夫解释过自己的状况，很可能是因为，就连她自己也不能充分理解自己。人都有选择逃避的本能，不愿直面本该勇敢面对的问题。

创伤后应激障碍的应激源可能是独一无二的。有人会在看到某辆特别的巴士时，回忆起很久以前发生的事件；有人可能会被广播里的一首歌勾起回忆；还有人可能会被雨滴敲窗的声响引回过去。如果回忆起来的都是痛苦沮丧之事，我们自然会尽一切办法，避免再次碰到触发这些回忆的事物。尽管确实有人能通过这种方式刻意避免刺激，最终成功战胜创伤，但是生命是不可预测的。如果在偶然的情况之下撞见了自己一直试图避免的刺激源，他们的记忆可能会如潮水般汹涌而回，将他们推往创伤后应激障碍的方向。有一个男人曾作为战俘被关押多年，当时他被单独囚禁在一间没有窗户的牢房里。重回社会多年以后，有一次，他因为工作之故搬到了一间没有窗户的办公室——创伤后应激障碍因此全面爆发。

很多创伤后应激反应会在一段时间之后逐渐平复。一个人只有在创伤后应激反应非常强烈又有持续性的时候，才能被诊断为创伤后应激障碍——更确切一点说，患者的创伤后应激反应必须非常频繁而激烈，在创伤之后要持续数周时间。大多数人在创伤之后最初几周里，都会产生类似的应激反应。所以创伤后应激障碍诊断不能太快进行，至少要等到创伤发生一个月后。人们在第一个月的表现或可被称为“急性应激障碍”（acute stress disorder），即发生在创伤之后三天到一个月的创伤后应激反应。

为什么要把诊断前的时间定为一个月呢？临床观察和科学研究显示，那是大多数人创伤后恢复所用的时间。我并不是说，人一定会在这一个月的时间里完全康复。事实上，许多人在此之后，仍会有创伤后应激反应。但是通常他们在一个月后的反应已不像先前那样激烈，而且绝对达不到需要创伤后应激障碍诊断的程度。

有些人的创伤后应激反应在一个月后仍然十分激烈，甚至可以持续数月甚至数年之久。这其中，就有很多像雪伦一样在生产之后患上创伤后应激障碍的女性。

> 玛丽在历经25小时的痛苦分娩之后，进行了紧急剖宫产手术，那是她生命中最可怕的经历。她的新生女儿在7天后不幸死去。50年后，如果电视上在播放正在经历痛苦的人，玛丽仍然不敢观看。婴儿的啼哭依然能让她心跳加速、惊惧万分。在难产相当寻常的20世纪60年代，创伤后应激障碍诊断还未确立。玛丽得到的全部帮助仅仅是医护人员的几句安慰，他们说，会好起来的。但在数十年后，她仍然深受创伤的影响。

玛丽的故事引出了另一个问题：什么是创伤性事件？这个问题相当重要，因为根据第三版《精神障碍诊断与统计手册》的标准，只有在经历某个可以被定义为“创伤”的事件之后，患者才能被诊断为创伤后应激障碍。

创伤性事件与应激源评价

1980年，创伤后应激障碍第一次成为一个诊断门类。第三版《精神障碍诊断与统计手册》将“创伤性事件”定义为“在人类日常经验之外”的应激源，它“能在大多数人身上引起激烈的应激反应”。科学家很快就此展开讨论，究竟什么样的事件能满足这个定义？当然，极端痛苦的事件，比如战争和灾难，无疑都属于创伤性事件。但是应激源是否也包括交通事故、重病、亲人死亡，或者如玛丽一样，痛苦的分娩？

在那时，大多数专家都不相信，上述后四件事能在大多数人身上“引起激烈的应激反应”。比如说，他们认为难产的痛苦并不足以触发创伤后应激障碍——尽管这位女性在之后数年里持续表现出激烈的应激反应，比如侵入性思考和回避行为。玛丽告诉我：“人们对我说，这没什么问题，因为我不过是生了一个孩子。就连我的丈夫也说：‘有什么大不了的？每天有成千上万的女人生孩子。’他不明白我为什么不能像其他女人一样跨过这道坎。”过去如玛丽一样的女性如果去看心理医生或精神医师，医生往往会诊断为产后抑郁，开抗抑郁药物。很多被诊断为抑郁的女性觉得，医生传达的信息是，她们不过是在“胡思乱想”；但她们真正想要得到的是他人的理解——对于她们来说，生产的痛苦和恐怖，如同酷刑、强奸和肢解。

所以在1980年创伤后应激障碍诊断草创之初，玛丽和与她情况类似的人并不会被诊断为创伤后应激障碍。因为人们认为，发生在她身上的事件，不“在人类日常经验之外”，而且不“能在大多数人身上引起激烈的应激反应”。但随着时间推移，创伤后应激障碍牵涉的范围已远远超出它最初的限定——战争、灾难和大屠杀。它现在涉及的范围十分广阔，包括性侵犯、交通事故、犯罪伤害、生死攸关的重病和手术治疗。人们似乎已经达成共识，这类事件也能引发创伤后应激障碍。“创伤性事件”的定义也应该有所改变，以容纳这些不“能在大多数人身上引起激烈的应激反应”的事件。1980年的“创伤性事件”定义，强调它能在所有人身上引发激烈的心理反应；新的定义则要区分人与人的差异，它必须符合如下事实：人在面对同样的事件时，经历和感受各不相同。创伤性事件也会因人而异。也许某个事件对一个人来说是创伤，对另一个人来说就不是。

17世纪英国哲学家大卫·休谟（David Hume）为我们提供了一个很好的论点。他注意到，决定我们做何反应的并非事件本身，而是我们对它的评价。20世纪末认知心理学的崛起，帮助我们更深入地理解了休谟阐述的这条极为重要的概念。

因此，在定义“创伤性事件”时，不应只依据外部事件本身，还要依据亲历者的亲身感受。有一个古老的德国故事是这样的：

一个男人在严冬的寒夜里来到一间小旅馆，在骑马穿越大雪覆盖、狂风肆虐的平原之后，他很庆幸自己能找到这么一个庇护之所。旅店老板看到他十分惊讶，问他从何而来。老板循着男人手指的方向，用充满敬畏的语气告诉这个男人，他刚刚骑马经过的地方，其实不是什么平原，而是结冰的大湖康斯坦茨（Lake of Constance）。男人在听到这个消息后，立刻吓死了。

骑马人之所以受到创伤，并不是因为在他身上真的发生了什么惨剧，而是因为他在事后意识到了自己无意中面对的危险。[①]有些事件是如此惨绝人寰，以至于对所有亲历者来说都是创伤。犹太人大屠杀无疑就是其中之一。还有些事件的定义并不清晰分明，有人认为它是创伤，有人则认为不是——比如确诊患上某种疾病、离婚和发生交通事故。可能有人因为这类事件患上创伤后应激障碍，有人则不会。还有些事件在大多数人看来根本算不上创伤，但在少数人眼里却是真实的创伤经历——比如看电视报道谋杀案件。

简单来说，创伤性事件究竟会给我们带来何种影响，会因我们对它的态度不同而有所差异。比如说，我们现在知道，有人可能头部受伤后患上创伤后应激障碍。就算患者在事件发生时不省人事，没有丝毫记忆，他们也能从事后报告中搜罗出种种细节，拼凑出事件的经过。他们就像那个骑马经过冰冻大湖的男人一样，在事后被吓倒。

因此不妨说，我们对应激源的认识，其实是外部事件的客观事实与个人主观感受的结合。人对创伤性事件的反应，其实是他们对事件及其意义的感知反映于自身的结果。

第三版《精神障碍诊断与统计手册》也注意到了创伤性事件与人类感知之间的关联。1994 年出版的第四版《精神障碍诊断与统计手册》（*DSM-IV*）给了"创伤后应激障碍"新的定义，之前对"创伤性事件"的定义"在人类日常经验之外"，被替换为一个更概略的描述。因为研究证实，许多能引发创伤后应

---

① 有这样一个关于女性强奸受害者的真实案例。她在事件过去后数月，才显露出创伤后应激障碍症状——诱因是当时攻击她的人，刚刚强奸并杀害了另一名受害者。

激障碍的事件，从统计学角度来看并不常见。在最近一版手册，即 2013 年发布的第五版手册（*DSM-V*）中，“创伤性事件”的定义依然十分宽泛：创伤后应激障碍可能由“面对真实的死亡或死亡威胁、严重伤害或性暴力”引发。创伤后应激障碍患者可能是事件当事人，也可能在事件发生时碰巧从旁经过；他们可能听说某件恐怖之事发生在亲朋好友身上，可能是接触了太多悲剧的细节——比如负责收拣人体遗骸的救援人员，或者负责调查虐童事件的警官。

很多人和玛丽一样，按照今天的标准无疑会被诊断为创伤后应激障碍，却在经历可怕的生产之后 50 年里一直被人告知：“你很快就会好起来。”有一项研究使用了 1994 年版 *DSM-IV* 给出的“创伤性事件”定义，结果发现，美国底特律大都会地区有 89.6% 的成年人都曾经亲身经历或者目击过创伤性事件，但在 1980 年，只有 9.2% 的人被诊断为创伤后应激障碍。研究者比较了旧定义与 1994 年的新定义，总结说，若按照现在的标准，还有大约 40% 的人会被确诊。

1994 年版的 *DSM-IV* 引入了新的概念：对事件的主观评价，要比事件本身的影响更为重要。但对“创伤性事件”定义的拓展在当时曾引发激烈论战，直到今天争论仍未偃旗息鼓。“创伤性事件”的定义之所以如此重要，值得反复讨论，是因为它是创伤后应激障碍诊断的“看门人”。如果将它的定义放宽，就会有更多人被诊断为创伤后应激障碍，这势必会对社会产生深远的影响。既然如此，学界怎么可能不对它进行激烈的讨论？

很多治疗师认为，这一变化反映出学界对创伤性事件有了更好的认识：创伤性事件可以多种多样。但也有批评者认为，这一变化淡化了创伤后应激障碍的概念，造成一种“概念上的‘税级攀升’”。在批评者看来，现在被确诊的患者太多，他们的应激源其实十分平常——比如丧亲丧友、婚姻破裂或罹患疾病。另外，在 1994 年以前，创伤后应激障碍诊断只限于事件的亲身经历者，但现在诊断也同样适用于事件的目击者。比如说，有些曾在电视上观看“9·11”

恐怖袭击报道的人也被诊断出创伤后应激障碍。[①]甚至有人在自己最爱的足球队比赛失利之后，也表现出相应的症状。

批评者说，这样的经历当然不能与奥斯维辛集中营的苦难相提并论——那才是创伤后应激障碍中“创伤”一词的本来意义。他们说，创伤后应激障碍的适用范围已变得太过宽泛，覆盖了越来越多的事故、疾患和伤害，其概念正逐渐失去意义。

随着创伤后应激障碍定义的限制逐渐放宽，我们不禁要问：为什么有些人患上了，有些人却没有？现在，创伤性事件仍然是诊断的重要部分。但是经历过某个事件的人并不一定都会患上创伤后应激障碍。那么，事件本身给人带来的影响，或许并非先决条件。正如读者在本章中看到的那样，主观感受非常重要。但是要想弄明白人与人的差异，理清创伤后应激障碍的发展脉络，我们还必须深入人类的大脑，看看那里究竟发生了什么。

① 研究“9·11”事件的心理学家指出，除去纽约市不谈，17% 的美国民众在恐怖袭击发生后的两个月里，曾表现出创伤后应激障碍症状——虽然参与抽样调查的人中，只有 2% 直接受到事件影响。此外，“9·11”之后的那个周末，调查人员对全美 560 名成年人士进行了电话采访，发现 44% 的人都表现出创伤相关症状。另一项研究抽样调查了 1 004 名美国成年人士，研究显示，曾收看关于“9·11”电视节目的人，更可能表现出创伤后应激障碍症状。

负荷过重的大脑

创伤的生理机制

创伤性事件突如其来，一切都发生得太快，出乎意料、难以理解，而我们只能吸收有限的信息。但是，自然演化赋予了我们在危急时刻快速反应的本能。想象一下，如果此刻忽然传来砰的一声巨响，在你细思究竟发生何事之前，身体就已经本能地转向声音传来的方向。你警觉起来，身体本能的防御机制已经启动，为后续行动做好准备。接下来，你会怔住——保持当前姿势不动。

> 小时候，父亲带我去看恐怖电影《大白鲨》。看完电影，我们走到街上，观影的兴奋还未消退。这时，突然传来巨大的碰撞声。我转过头去，当场愣住：有两辆车在离我不到50米的地方相撞。其中一辆车失去控制，向我疾驰而来。我怔住了，动弹不得，只能眼睁睁地看着它越来越近。在那一瞬间，保险杠在我眼里变成大白鲨那一口耀眼的牙齿，径直向我袭来。电光石火间，父亲一把抓住我的肩膀，把我拉开。我感觉到车经过身边带起的疾风，然后看它重重撞上电影院的围墙。

现在我知道了，我当时在电影院外怔住，其实是人类数百万年演化的结果。有车迎面撞来，我是这样反应；如果迎面撞来的是一条鲨鱼，我也会这样反应。我的经历可以说是典型例子，所有人在危急情况下的第一反应都是怔住——保持不动，避免引起注意。与此同时，我们的大脑在快速分析危机，分析它从何而来，以采取适当的行动躲过危机。

然后，我们要面临“战斗或逃跑”（fight-or-flight）的抉择——是动手保护自己，还是撒腿逃跑？诺贝尔奖获得者汉斯·薛利（Hans Selye）又将“战斗或逃跑”细分为 3 个阶段：先是警戒阶段，身体保持静止，准备战斗或逃跑；随后是阻抗阶段，人会调动一切生理、心理和社会资源与应激源对抗；最后是衰竭阶段，如果对抗措施无效，机体在这最后的阶段就会因为生理疲劳而迅速衰竭，严重的话可能致死。

大脑的侵入性反应

要理解这些生理反应，需要了解自主神经系统（autonomic nervous system，ANS）的工作原理。自主神经系统又分为两部分：交感神经系统（sympathetic nervous system, SNS）和副交感神经系统（parasympathetic nervous system，PNS）。交感神经系统就像是身体的加速器。在人遇到极大压力时，身体会发生诸多变化：瞳孔放大、心跳加速、呼吸急促、血流速率提高，把血液供往能让人快速行动的肌肉组织；体表变冷、皮肤变白、脂肪转化为能量、体内激素水平上升、肌肉紧绷、膀胱清空。此时身体准备好行动了。我们能量充沛、动作敏捷，随时准备战斗或逃跑。

但是，如果我们既不能战斗，也不能逃跑，就只好束手就擒。这时候，副交感神经系统将被唤起，心跳和呼吸速率会变慢，血压会降低，瞳孔会恢复到正常大小，皮肤升温，肤色重新变红润。如果说，交感神经系统是身体的加速器，那么副交感神经就是身体的刹车装置。我当时在电影院外遇到危险，很快就被父亲拉开，时间不过数秒。在当时的情况下，我既不能战斗，也不能逃跑，精神恍惚。然而即使在这种情况下，我仍然能感知事态变化，只不过在观察这一切的时候，自身已经没有感觉，也不带有任何感情——这一现象被称为“强直静止”（tonic immobility）。

19 世纪的探险家大卫·利文斯通（David Livingstone）曾写下他当年猎狮的经历，生动地为我们描述了何谓强直静止：

> 在装子弹的时候，我忽然听到一声大吼。我转过头去，看到一头狮子正向我扑来。它抓住我的肩膀，把我扑倒在地。它一边咆哮一边摇晃我的身体，就好像狗在玩弄耗子。我当时完全惊呆了，这感觉应该如同老鼠第一次被猫抓在手里一样。我似乎陷入某种梦境，既感觉不到疼痛，也感觉不到恐惧，但我清楚地知道当时发生的一切。

强直静止是演化的英明产物，虽然乍看起来像是一种自我毁灭之举。但事实上，如果我们保持完全静止，不发出任何声响，那么捕食者（比如扑向利文斯通的狮子）可能就会被我们糊弄过去。最糟糕的情况，也不过是它们会摇晃我们，把我们扑倒在地，认为我们已经死掉——我们可能会因此捡回一命。此时我们感受不到恐惧，时间变慢，疼痛消失。

事实上，人类经过数百万年演化，之所有会有种种应激反应，很大程度上是为了适应野外环境。毕竟人类直到近现代才生活在拥有百万级人口的大城市中。狩猎-采集的生活占据了人类发展史的 98% ——女人收集植物果实和柴火，养育孩子；男人外出狩猎牛羚、长颈鹿和石羚。那时传染病和寄生虫病泛滥成灾，人类死亡率极高；人类暴露于自然灾难面前，毫无抗力，还会受到野生动物攻击……以上种种威胁，无不影响了演化进程。所以，我们天生就知道如何应对应激源：我们的焦虑反应，其实是漫长演化留下的遗产。可以说，我们都是生存机器，被植入了求生的程序，这些程序指导我们在面对危机时应该如何反应、如何求生。

虽然我们现在已不大可能遭遇凶禽猛兽，但在遇到危机时，仍会触发同样的求生机制。我曾遇到过一位被卷入枪击事件的女性。

> 八月中旬炎热的一天，莎拉和朋友朵恩一起离开超市。她们没有直接带着东西回车里，而是决定到旁边一家咖啡馆小坐片刻。当时莎拉刚当上妈妈，平日十分忙碌，只能趁这个机会和旧日好友小聚。她们兴致勃勃地聊着天，完全没注意到一个男人正向她们走来。
>
> 两声枪响。
>
> 莎拉立马惊觉。人们尖叫逃散。朵恩在莎拉脚旁几米外倒下，她躺在地上一动不动，血流遍地。莎拉感觉到鲜血飞溅到裙子上，但她完全怔住，动弹不得。她看到一个男人拿枪指着她。男人盯着莎拉，拿枪抵在她头上，她在枪口下浑然不动，时间仿佛停滞了。朵恩头下血流成河。这就是她那天的全部记忆。一切都是那么不真实，恍如梦境。莎拉亲眼看着朋友在她脚下死去；她觉得自己马上也要挨枪子了。她不知道接下来发生了什么。她只记得，当自己回过神来的时候，已经被警察围住盘问问题。

后来莎拉告诉我，她当时就像是一个从远处观察自己的局外看客。她说，自己好像“站在那里，直到永远，但其实这过程只有几秒”。莎拉的这番体验并非不同寻常。在遭受创伤之后，很多人都有类似的感觉，觉得自己是一个身在远处的旁观者。

在“先锋号”海难事故的幸存者中，也有人说他们的意识似乎发生了变化。我们在调查中发现，11% 的人在事故发生时感到自己游离于身体之外；12% 的人认为自己进入了一条通往光明的隧道；还有 9% 的人声称自己看到了某种灵体。研究发现，这其实都是人类在面对极端情况、无路可选时的自我保护机制，一旦大脑认为挣扎可能会令事态更糟，它就会启动此机制。尽管它和强直静止一样，可能会增加我们的生存概率，但很多人在此之后会承受巨大的精神压力。诚然，强直静止不是创伤后应激障碍的单一诱因，但它似乎确实会增加创伤后应激障碍的患病概率。一个可能的解释是，人在事后往往会想“我本来可以更努力一点”，因此备感羞愧和内疚。莎拉就常常想，如果自己当时做点什么，或许能改变事态的发展。虽然她从理性的考虑知道，其实做什么都没用，但这种想法始终挥之不去。

强直静止是一种侵入性反应，在人群中相当常见，是人类历经数百万年演化、适应环境的结果。很多心理治疗师若遇到埋怨自己在创伤性事件发生时做了或没做什么的求医者，都会提供上述解释，以减轻患者的羞愧感或负罪感。讨论一下他们在事件发生时大脑里是怎么想的，可能也会对他们有好处。

大脑的恐惧警报系统

大脑的边缘系统（limbic system）负责控制自主神经系统。从演化历史来看，它是大脑中最古老的结构，生活在远古时代的哺乳类祖先就拥有大脑边缘系统了！这个系统可以说是“创伤控制中心”，负责调节恐惧感和储存记忆——这二者是人类控制创伤反应的核心机制。负责这两种机制的大脑结构，分别是杏仁核（amygdala）和海马体（hippocampus）。

杏仁核是大脑中的情绪“掌门人”，它位于脑干顶部，具有广泛的功能，大多与情绪记忆（emotional memory）、恐惧和焦虑有关。特别需要指出的是，它会对大脑接收的信息进行评估，确定其情绪意义。杏仁核受损的人，无法分辨事件的情绪意义，不管身处危难之境还是愉悦之境，他们都毫无反应。

一般来说，杏仁核会将信息传达给前额叶皮层（frontal cortex），进行更高级的处理。但如果遇到生命威胁，需要大脑快速做出反应，杏仁核就会走“捷径”，直接向下丘脑（hypothalamus）发出警告。下丘脑收到警告之后，会立即释放出一种名为促皮质素释放因子（corticotropin-releasing factor）的化学物质，刺激脑垂体（pituitary gland）释放促肾上腺皮质激素（adrenocorticotropin hormone）。促肾上腺皮质激素又会刺激肾上腺（adrenal gland），释放皮质醇（cortisol），激活交感神经系统，让身体为战斗或逃跑做好准备。如果战斗或逃跑都不可行，那么边缘系统就会激活副交感神经系统，让身体进入“缴械投降”状态，也就是强直静止。

杏仁核就像是大脑的火警烟雾警报器，一旦危机出现，它就大显身手，在我们能够有意识地处理信息之前就已经做出决断；在我们有时间思考之前，就迫使我们快速做出反应。杏仁核还会触发快速反射，士兵在听到汽车逆火的声音后会立即伏倒在地，就是拜杏仁核所赐。士兵的反应，源自他们接受的训练和作战的经验，不受自主意识的控制。

如果杏仁核要在危机反应中占据核心地位，那么它就必须能“命令”大脑其他部分“关机”——特别是海马体（负责存储与时空有关的记忆、控制记忆机制，以及形成记忆之间的关联）和布洛卡区（Broca’s area，负责将情绪经验转化为语言）。海马体和布洛卡区都需花费大量时间处理信息，但此时人必须立即做出反应。

正常情况下，海马体是重要的信息处理和记忆储存器，它就像是USB连接线，将信息从大脑右半球（储存短期记忆，即等待分析的活跃信息）传到左半球（储存长期记忆）。海马体和杏仁核不同，它负责有意识的、外显的、与语言有关的学习过程，还有记忆的储存。比如说，在我们准备演讲，或者计划旅行路线时，海马体就大显身手，将短期记忆转存为长期记忆。

在创伤性事件发生时，海马体的活动就会受到抑制。很多科学家认为，这与压力过大有关，因为过大的压力会阻断海马体惯常的神经传输通路，杀死神经细胞——就像是大脑的保险丝被烧断了一样，记忆会因此变得残缺不全。被卷入枪击事件的莎拉告诉我，当时发生之事在她的记忆里依然一片模糊。她无法准确回忆事件的经过，只记得回过神来的时候，警察已经赶到，持枪男人早已离开现场。除此之外，她对那个下午的记忆只剩下零星的碎片：被警方询问，发现人们盯着她看，有人给她披上衣服（还不是她自己的衣服），她回到自己家已经是晚上了，听到丈夫在说话。她在过去几年时间里，一直想将这些记忆碎片整合起来，弄明白当时究竟发生了什么。

一般来说，记忆会在事件过去之后被“归档”储存。但在创伤性事件发生后，它们仍然保持在激活状态，就好像事件仍正在进行之中。人在谈论创伤性事件时，往往无法保持连贯统一：与创伤经验有关的信息已经超过大脑负荷，让人无法控制；或者如莎拉所说，“就好像我的精神档案柜倒塌了一样”。在大多数情况下，创伤记忆也会随着时间流逝而归档。如果没有，人就会表现出创伤后应激障碍的“再次体验”症状。

简单来说，创伤后应激障碍就是一种信息处理障碍。患者的创伤记忆始终保持在激活状态，因为他们大脑中负责储存记忆和语言的区域“关机”了，因此，他们只能时刻保持警觉，直到上述区域被再次激活。大脑通常要花一个月时间来修复海马体回路上“断掉的保险丝”，让记忆处理系统恢复正常工作，但有些人花的时间可能更久。这种差异可能由许多不同原因造成，比如：大脑海马体回路的自然差异；恢复期间又发生了其他创伤性事件，拖慢了机体的修复；又或者杏仁核持续处于激活状态，尽管危机已经过去。

科学研究也为我们提出了一种可能的理论：创伤后应激障碍根植于早期的童年经验。儿童的大脑尚未发育定形，诸多应激源（譬如缺乏父母关爱）都可能影响儿童大脑的发育——特别是负责处理创伤信息的神经系统发育，并且会导致海马体容量小于常人。也就是说，这些人之所以更易患上创伤后应激障碍，是因为他们归档记忆的效率不如常人。另外，他们早年的创伤记忆也可能在之后某次创伤性事件中被重新激活，而那些早期的记忆甚至可能形成于语言能力发育之前。这就能解释为什么部分患者的精神状态混乱而痛苦，但他们却不能将其“定位”到具体事件上。这导致他们更加难以康复。

也就是说，“战斗或逃跑”的警戒状态，在有些人身上会维持更久，甚至引发负面反应，引起生理、心理和情感疲劳。他们的“恐惧警报系统”处于开启状态的时间要长于他人，他们要想让大脑恢复到之前正常工作的状态，要花的时间可能不止一个月。

不寻常的恐惧警报系统可能对环境的适应性不强，从而给人带来长期的伤害。但从演化的角度来看，恐惧警报系统不应经常处于关闭状态。如果恐惧警报系统常处于关闭状态又难以启动，它就派不上什么用场了。因此，演化选择了一个难以关闭，一旦开启又能维持相当长一段时间，远超生存需要的恐惧警报系统。我们的演化策略是，宁愿发出 100 次错误警报，也不能漏掉 1 次真实的危险——火警烟雾警报器信奉的原则也是如此。

如果说创伤后应激反应是人类为求生存而发展出来的演化策略，那么我们就能理解，为什么人在经历创伤性事件时会产生激烈的身体反应，比如心跳加速、冷汗直流、呼吸急促、心悸、注意力集中、过度警觉、风吹草动都能触发应激源……这种种反应，很可能都源自人类对危急情况的适应性，让人在危机中能快速做出反应。它们都是正常、自然的反应，是我们适应环境的结果，在关键时刻帮助我们逃生保命。

但是，如果这些反应在危机过去之后仍不消退，就会给我们的生活带来困扰，比如性功能障碍、失去胃口或者难以集中精力做其他事情。我们也能从演化角度来解释这些问题：如果仍处在危险之中，我们就绝对不会想到食色之欲，或者把脏衣服放到洗衣机里。这对创伤后应激障碍患者来说就很不幸了。虽然危险已经过去，但是他们的身体在之后的几周甚至几个月里，仍然保持警觉，好像他们仍处于危险之中。

负责信息处理和记忆储存的大脑海马体，在创伤性事件发生时被杏仁核关闭，所以与创伤有关的影像、声音、气味和感觉仍然保留在“短期记忆”（active memory）之中。虽然这看似缺乏适应性，但是从演化角度来说，将这些记忆保持在激活状态，其实颇有实际效用。

保持在激活状态的记忆，能让我们学到许多东西。假设在数万年前，有一头狮子跑出丛林，在人类居住的村落里肆虐，而我们的某位祖先勉强逃生。这段创伤经历将会保留在他的激活记忆之中，让他不断回想，从此和狮子保持距离。他的生存概率因此得到大幅提高。也就是说，将创伤保存在激活记忆之中，似乎是一条不错的演化策略，让我们能时刻留意危险，保持警觉。但是其效用也仅止于此。我们最终总要将这些记忆归档，到了那时，远离危险已经成为我们的本能反应。只要假以时日，我们就知道不要站在车流之中，不要用手去摸火，这是因为与之相关的早期记忆已被归档保存起来。

条件反射与削弱疗法

对于我们的祖先来说，始终警惕危险、记住危机出没之所，有重要的生存意义。可以说，我们的大脑天生就能产生快速联想。我在20世纪90年代曾遇到过一位马岛战争的老兵威廉，当时他已返回校园，准备继续完成学业。从战场归来之后，他极易紧张和受到惊吓。有一次上课时，一只鸟撞到窗玻璃上，发出巨大的声响。威廉早年在军中的记忆被立即激活，他快速伏倒在地。莎拉也是如此。她告诉我，就连面包片从烤面包机里弹出来的声音，也足以让她紧张万分，想起当年那个枪杀了她朋友朵恩的凶手。我们都被演化赋予了快速联想的能力，让我们得以避免未来可能发生的危险。特殊的影像、声音和气味都是危险的征兆。了解这些征兆，或许能帮助我们逃出生天。因此，惊吓反应，也可以说是“恐惧条件反射”（fear conditioning）机制的产物。

恐惧条件反射的概念，源自俄国著名心理学家伊万·巴甫洛夫，他发现了“经典条件反射”（或被称为“巴甫洛夫条件反射”）。简要说来，所谓经典条件反射，是指通过暂时性联想来学习的过程。巴甫洛夫发现，如果两件事在很短的时间内相继发生，它们就会被联系在一起。他是在研究狗的消化系统时发现这一现象的，当时他要给狗喂食。一段时间之后，他注意到，狗在听到研究人员的脚步声时，就会开始流口水。巴甫洛夫做了一个实验：每次给狗喂食的时候，都会敲响铃铛。他发现，狗很快就能学会将铃铛声和食物联系在一起。后来狗听到铃铛声就会流口水。

在巴甫洛夫的发现之后，经典条件反射又在其他许多研究中得到证实。现在，条件反射已成为阐释创伤后应激反应的关键理论。如果对一只关在笼子里的老鼠多次施以电击，同时让它看到亮光闪现，它就会对亮光产生恐惧。创伤就好比电击；而让人联想到创伤的东西，比如汽车逆火、亮光闪现、特殊的声音、颜色或气味……所有这些能让人回忆起创伤事件的种种细节，引发恐惧，尽管创伤本身已经成为历史。一个越战老兵，可能会在多年以后，因为从电视背景噪音里听出直升机的声音而产生恐惧。一名车祸事故幸存者，可能会因为再次听到车祸发生前广播里放的曲子而产生恐惧。与条件反射相联系的恐惧感，是一种特殊的记忆，只存在于我们的潜意识之中。更确切一点说，它属于“情境通达性记忆”（situationally accessible memory, SAM）。当我们遇到危机，杏仁核采取“捷径”直接警告海马体、身体为“战斗或逃跑”做好准备时，大脑中就产生了联想记忆。

曾受创伤之人通常都不愿再次激活他们的情境通达性记忆。这类记忆存在于意识知觉之外，只能由其他事物的提示唤醒。这也是创伤之人难以讲述其经历的原因之一。情境通达性记忆被唤醒之后，人会被带回创伤之境，引发激烈的心理反应，但他可能完全无法用语言来描述当时发生了什么。比如，莎拉向我讲述她的故事时，语速会变得很慢，音量变低，最后寂然无声，好像全部能量即将耗尽。她停下来，眼里充满恐惧，身体开始摇晃。她抬头看着我，但又不是真的在看我。然后她慢慢摇头。她看上去完全被吓呆了，头脑一片空白。

心理治疗师必须要配合求询者的节奏，不能把他们逼得太狠。我当时告诉莎拉，我知道对她来说谈论创伤经历是多么困难的事。如果不想说，她随时都可以停止。莎拉好像从梦中醒来一样，点了点头。她的眼睛慢慢聚焦，身体也渐渐放松下来，然后微笑起来，我知道她又回到了常态。

恐惧反应触发器的警报范围可能相当宽泛，比如“红颜色”——这让一位20岁出头的年轻女性瑞贝卡深受其苦。有一天，她正和男朋友在一家快餐店，一边用餐，一边闲聊当天的新闻，直到男朋友拿起番茄酱瓶子。番茄酱汁很稀，在他挤的时候流到了桌子上。瑞贝卡怔住了，然后大哭起来。

瑞贝卡小时候曾在挂着红色窗帘的房间里遭受父亲性侵。据她回忆，每次父亲进入她房间的时候，她会死死地盯着窗帘看，盯着它上面旋涡状的图案。10年后的今天，瑞贝卡已学会了如何控制情绪，在一般情况下都能从容应对。但有时她也会遇到意外情况，比如那次快餐店里发生的事，红颜色让当年的创伤记忆如潮水般涌上她的心头。

掌握削弱学习的主动权

在创伤康复过程中，我们必须不断告诫自己，当年那些恐惧条件反射，现在对我们来说已经没有帮助——这个将条件反射逐渐弱化的过程，被称为“削弱学习”（extinction learning）。我们必须明白，曾经激发我们恐惧本能的信号、声音和气味，已经不再是危险的征兆。

很多创伤事件亲历者都希望由自己来掌握削弱学习的主动权。比如我在前一章提到的那位卡罗尔小姐，她告诉我：

> 在伦敦地铁爆炸案发生后的第二天，我走进地铁站坐在站台的候车区。我只想让一切变回原样。我只想恢复正常……当时我仍然万分惊惧。但不知为什么，我只想说服自己，前一天发生的事，不会每一天都发生。那只是我一生中仅有一次的悲剧。我坐在那里，每当地铁列车驶过，都会不由自主地战栗。但我觉得我需要做这件事。如果我想再次登上地铁，这就是我迈出的第一步。

深受创伤之人可以通过这样的方式来削弱他们的恐惧反射。最终，他们先前的恐惧反应应激源将不再能激起他们的痛楚。几个月后，大多数人都将习惯于它们的存在，不再把它们当作危机预警信号。但是把自己暴露于创伤环境中的过程必然十分痛苦。而且如前所述，人们往往希望能够避免接触任何会让他们联想到创伤的东西。

回到恐惧之地必然非常困难。很多人只要一念及此就会竭力逃避。可是这样他们的痛苦不仅不会消失，反而日益增长。虽然威胁已成过去，但身体仍然保持在高度警觉的状态。

恐惧条件反射有两个重要指标：高度警觉和焦虑，这也为削弱治疗（extinction-based therapies）提供了理论基础。削弱治疗的基本理论是，将患者反复暴露于能引发恐惧的刺激环境之中，直到他们不再作此联想。[①] 人人都知道的那句老话"从哪里摔倒，就从哪里爬起"，确实有几分道理。但是人们往往不愿接触任何能让他们回想起恐惧之境的刺激物，而心理治疗师的职责，就是帮助他们正视恐惧。卡罗尔重回发生爆炸的地铁站，这对她的心理康复起到了很大的作用。尽管她的恐惧并未因此立即消除，但这似乎让她在很大程度上恢复到之前的生活状态，并在较短时间内重新登上地铁——虽然她也曾对我说，她坐地铁时仍然十分恐惧，时不时会有一阵战栗。"我觉得我每天去上班都像在跑马拉松，全部精力都耗在了路上。"后来，她为了更好地理解自己的恐惧，向心理学家寻求支援，找到了更适合的削弱疗法。事实证明，心理学家的帮助非常有效。

至于瑞贝卡，她现在也只是偶尔才对红色有强烈反应了。经过几年的训练，她头脑中红色与创伤的联系已经被逐渐削弱。在更年轻的时候，她曾为此深受困扰。所幸她在上学时遇到一位心理学家，他帮助她进行了削弱学习。一开始，

① 削弱治疗需要逐步渐次进行。比如说，患者会首先列出所有可能引发焦虑的情境。然后他们会在治疗师的帮助下，从最不易引发焦虑的一个开始，慢慢学习控制环境，然后渐次推移到最能激发严重焦虑的环境。患者或者亲身暴露于恐惧环境之中，或者凭借想象置身其境。

他让瑞贝卡在头脑中想象红颜色，一直到她不再因此感到恐慌；下一步，他让瑞贝卡看颜色渐变为红色的物体，直到她不再恐惧。由此看来，削弱学习其实就是重新设定思维联系的过程。

那么，为何有人会持续受到创伤后应激反应的影响？这是因为他们没有削弱自己的恐惧条件反射。他们竭力避免所有能让自己回忆起创伤的事物，殊不知反而错失了最重要的学习机会，去认识到那些事物其实已不再代表危险。

创伤后应激障碍患者可能会与悲伤的记忆持续纠缠，直到恐惧警报系统最终关闭，海马体回路再次疏通。心理治疗师在辅助创伤后成长之前，必须先将创伤后应激障碍症状减轻到一定水平，让求询者能够开口谈论创伤经历，而不至于情绪崩溃。这类谈话是我们了解创伤的前提。现代创伤心理治疗的基本理论，就是在危险过去之后，把患者重新带回恐惧之境。暴露于恐惧之中，是让患者关闭机体恐惧警报系统的最可靠方法。

然而，即使在恐惧反应消失之后，有人可能还是会突然表现出创伤后应激障碍的症状。这往往是因为他们碰到了某个应激源，重新建立起恐惧条件反射。有时可能连他们自己都不知道应激源是什么，看起来好像是创伤后应激障碍随机复发。有研究指出，即使条件反射被削弱，大脑仍留有与之相关的记忆。换句话说，削弱学习并不会抹掉原始记录，只会在上面覆盖新的记录，以阻止恐惧记忆流入意识。但是如果危机重现，后来覆盖上去的记录可能被擦除。这一大脑机制同样也具有演化意义：在一切看似安全的情况下，大脑虽然为危险做好了准备，但不会让我们时刻处于警备状态。

从演化的角度来看，人应该保持高度警觉，直到威胁完全消失——侥幸逃脱危险之人，确实也往往对可能的威胁更为警觉。要让一个人明白威胁已经完全消失，其实并非易事。随着时间推移，警报系统逐渐关闭；但在同样的威胁到来之际，尚未完全关闭的部分很容易受到刺激。

和其他演化而来的生理机制一样，这一机制也存在个体差异性：有人可以快速将警报系统关上，有人则不能。在我们狩猎 - 采集的祖先之中，必须有人时刻留意危险，这样其他人才能从事正常的生产生活。这种生理差异，对群体的生存十分必要。

科学家对创伤后应激障碍生理机制的研究尚在快速推进之中。我们需要找出真正遭受创伤后应激障碍折磨、处理创伤相关信息的能力已遭破坏的人。他们在人群中只占少数。这是十分紧要的——不只因为目前的治疗方法有待改进，还因为我们必须防止创伤后应激障碍诊断被过度滥用而失去效力，最终变成精神医学教科书上一个过时的名词。所以，我们面临的最重要问题，是如何正确区分神经系统异常、生理上无法处理创伤记忆的少数人和能够处理创伤记忆的大多数人。对于后者而言，创伤后应激反应是人类处理创伤性事件的正常、自然的生命过程。

大多数人都拥有足够的心理韧性，能够承受生活抛给他们的厄运。“心理韧性”（resilience）一词，在 20 世纪 70 年代首次为心理学家使用，用以描述这样一群儿童——他们虽然成长于贫困和犯罪滋生的环境，却能突破逆境，成长为积极健康的青年。这个词后来也被用在成年人身上。乔治·博南诺（George Bonanno）教授和他的同事是心理韧性研究领域的领军人物。他们在“9 · 11”事件之后的 6 个月里，以电话采访的形式访问了 2 752 位纽约居民。当时很多大众媒体评论者都在大谈特谈，认为关于恐怖袭击的电视报道可能会引发普遍性的创伤后应激障碍。但这种情况并没有发生。博南诺发现，他采访的大多数人只表现出轻微的创伤后应激障碍症状。

这些研究无不证实，关于创伤后应激障碍的主流看法可能并不正确。创伤后应激障碍并不是一种大多数人在创伤之后都必然会患上的精神障碍。最新的研究正向我们逐步揭示：在大多数情况下，创伤会极大地改变我们，甚至会对我们产生积极的影响。我将在接下来的几章中为读者阐释。

重建内心世界

第二部分

WHAT DOESN'T KILL US

THE NEW PSYCHOLOGY OF
POSTTRAUMATIC GROWTH

冬日尘雨，已成过去
积雪罪孽，渐作往事
荏苒时光，愈发可爱
光明消散，黑夜降临
此般悲伤，终将忘却
寒霜退去，鲜花萌芽
草木新绿，万红嫣姹
万红嫣姹，春天到来

阿尔杰农·查尔斯·斯温伯恩
Algernon Charles Swinburne，1837—1909

越受创，越强大

创伤后的积极转变

本章讨论的是人们应对创伤的不同方式，特别是那些与“改变”有关的方式。如果有人说，自己被创伤“改变了”，一般指的是自己的生活观念和追求发生变化，或者是对自己和自己的能力有了新的看法，又或者是想要更亲近他人、与人为善，与伴侣的关系也变得更为亲密深厚。最能贴切描述这一变化的词，就是“创伤后成长”。曾有人大胆断言，创伤后压力，往往也是创伤后成长的动力。我们将会通过实验佐证，讨论何谓创伤后成长。但是首先要介绍的，是人们应对创伤的不同方式。

现在，请想象暴风雨中山顶上的一棵树，它承受着狂风暴雨的肆虐，但仍然昂然挺立，不屈不挠。暴风雨过去之后，它似乎浑然未变。有些人也和这棵树一样，似乎能经受住各种各样的打击，无论有多少折磨也无法磨灭其精神，就像在狂风中不屈不挠的树木。我们称这一类人有“抗性”（resistant，参见图 4-1）。

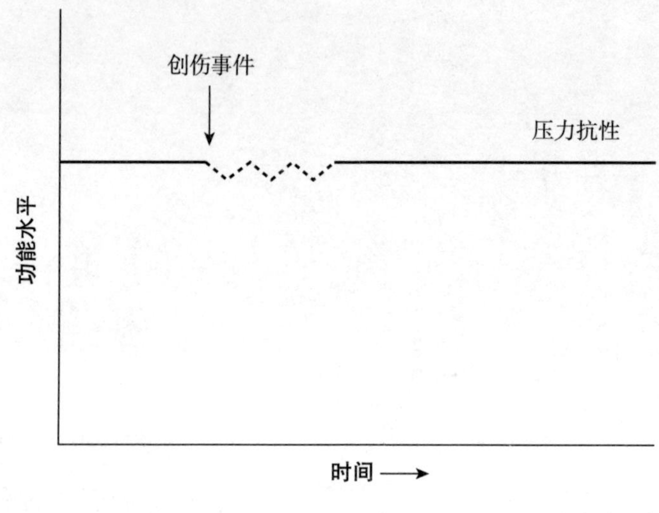

图 4-1　人对创伤的抗性

还有一棵树，虽然在风中弯曲，但并未折断。在风停雨歇之后，也变回它本来的样貌。有人也和这棵树一样，在逆境的重压之下精神消沉，却能以很快的速度回复常态。换句话说，他们能够“康复”（recover）。这些人让我们敬佩。令人诧异的是，最有可能在创伤后成长的人，既不是他们，也不是有抗性的人。

第三棵树被风吹弯了躯干。在狂风过后，它并未恢复原样，而是永久地改变了形貌。它因风暴的冲击重塑身形，再也无法恢复本来的样貌。随着时间流逝，它绕过创口，继续生长。旧日的生长模式虽然已被阻断，但它又从树干上抽出新的枝桠。伤疤、节瘤和畸形的枝条……终其余生都将呈现这副独特的样貌，它已经不再是从前的那棵树，它已经完全改变。

有人就如同这第三棵树，在创伤之后成长起来。他们的精神可能仍会受到影响，但他们对自我、生命、重要之事、未来目标和自己真正所爱的看法，都因为他们曾经的经历而发生了积极的变化，这才是“创伤后成长”一词真正的意义（参见图 4-2）。

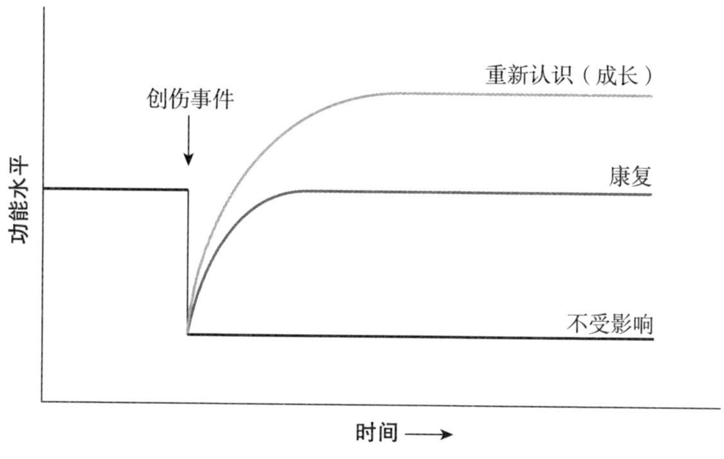

图 4-2 创伤后的三种自我调整方式

创伤后成长的三大变化

创伤后成长，包括人在创伤之后发生的诸多变化。其中有三个方面最为常见：个人变化、观念变化和关系变化。

个人变化

个人变化（personal changes）包括寻获新的内在支持力量、拥有更多智慧以及变得更富激情。我们来看一看玛丽的故事：

一天清晨，玛丽在从夜店回家的途中受到袭击。有一个可能一直尾随她的男人，悄悄跟在后面进入公寓。她以为这个男人是和她住同一栋楼的租客，就放他进入楼门。他跟着玛丽走上楼梯，到二楼时，从后面一把抓住她，亮出刀子。玛丽急中生智，敲碎了楼道里火警器的玻璃。一时间火警响起，人们纷纷从楼梯上跑下来，那个男人只好见机溜走了。消防员和警察很快赶到,但玛丽已受到伤害。她战栗不安,泪流满面。

当时玛丽不过20多岁，是一位文静的年轻女性。她在一间牙科诊所做前台接待工作，还有一位已经谈了三年恋爱的男友，当时两人正打算结婚。那一夜受到的创伤将她的生活撕成碎片。直到7年之后的今天，她才能开口谈论当年发生的事，而不再陷入对袭击者的愤怒情绪，或者因精神崩溃而大哭一场。她仍然为自己当时不察，误将男人放进门而责怪自己。但她也对自己的快速反应颇为自豪。她弄响火警拯救了自己，不然可能会遭到暴力侵犯。袭击事件发生之后，她常做噩梦，并且在很长时间里不敢走出家门。如果她不得不出门，也一定会再三检查，锁好门窗。她还把家里所有的锁都换了一遍，并且专门为卧室门定制了一把锁。但是她的恋情也未能持久。

玛丽仍会因为当年被袭击而心生怨愤。但她也意识到，那次创伤性事件既是悲剧，也是天赐的礼物——她自己也对此感到奇怪。其他人知道她的想法后无不大为震惊。她解释说，不知为什么，创伤似乎帮助她改变了自己。她相信自己变得比从前更有智慧了。在遭遇袭击之前,她仿佛一直沉睡,懵然不觉。“但现在我醒过来了，”她说，“我现在才知道，哪些事对我来说是最重要的。我知道了自己想要什么，我知道了自己是谁。在那件事发生之前，我看不清自己，也不知道自己想要什么。”

在遭遇袭击两年之后，玛丽决定去大学修读心理学。她在班上的成绩很不错。她说,三年大学生活是她人生中最好的时光。这种生活她过去从未奢望过。现在她一心想帮助他人。为慈善机构工作一年之后，她接受了心理咨询培训。如今，她的工作是帮助和她有过类似经历的女性。认识她的人都这样描述她：成熟、有智慧、充满热情。玛丽本人也惊讶于自己的改变。但她说：

如果有人在我遭遇袭击那天告诉我，我将会做如今我正在做的事，或者我将会把袭击当作我生命的转折点，我大概会冲上去掐死他们！然而那次事件确实是个转折点。我喜欢自己现在的状态。我在过去从未想过自己能够从事现在的工作。如果将那次创伤从我的生命中抹去，我就不会成为现在的我。

玛丽的故事相当有代表性。很多人在经历创伤之后，都发生了重大改变，重新拾起自己忘却已久的梦想——比如接受更高等的教育，或者从事梦寐以求的工作。

观念变化

如前所述，很多创伤性事件亲历者都发生了思想的蜕变，或观念变化（philosophical changes）。他们像玛丽一样，认为自己得到了天赐的礼物，了解了自己生命中真正重要的是什么。我们可以从凯文的故事中看到这一点。他最近心脏病突然发作，虽然医生认为诊断结果比较乐观，但他很害怕自己会再次病发。他不断回想起自己上次病发时的情景，他感到呼吸变得急促，胸口一阵阵抽痛，甚至能“看到”妻子脸上的惊惧。每次一念及此，他都感到恐惧从内心深处扩散开来，直到整个人都陷入惊恐。

但这类思想回溯也有积极一面，它们帮助凯文认识到自己生命的真正价值。现在他努力享受活着的每一天，尽量把每一天都过得充实。他本来就爱读历史书籍，现在他比以前更常读历史。他说，历史引他深思，帮助他看清事物背后的联系。他认为我们每个人都只是历史长河的一点沙粒，用他的话说：“今天过去，明天又来，你永远不知道每一天会发生什么。我不想再浪费时间为小事忧虑了。我对事物有了全新的看法。我其实并不真的需要很多东西，虽然过去的我曾经认为它们必不可少。”

凯文说，他其实心里一直都知道应该怎样生活。但是只有当心脏病发作之后，他才深刻理解了生活的真谛。从前，“真理虽然存在于我的头脑，但并不存在于我的内心”，他笑着告诉我。现在他觉得，心脏病为他打开了一扇心门，督促他去过自己内心渴望的生活。

凯文的故事为我们展示了创伤后个人价值观的变化。生命中最好的东西是自由——这是一句曾为多少人反复述说的真理。虽然看上去有点老套，但它确实是经历创伤后成长的人们的真实写照。对他们来说，日常生活中的点滴快乐，要比万贯家财或显赫声名重要得多。有一个佛教故事，正好能说明这一点：

> 渔夫悠闲地躺在美丽的沙滩上，钓竿晾在一旁，鱼线漂悬在海面上。当他正悠然自得享受阳光的时候，商人走过来问他："你为什么要躺在这里，不去工作？"渔夫反问道："我为什么要工作？"商人答道："那样的话，你就能买到更好的钓具，更好的渔网，捕更多的鱼。"渔夫又问："但我为什么要捕更多的鱼？"商人说："那样的话，你就有钱买条渔船了。"渔夫又问："我买渔船干什么？"商人生起气来，愤然答道："那你就能雇人来为你工作！"渔夫问："那又是为什么？""那样你就能买更多船，雇更多人，捕更多鱼，赚很多钱！""但那又是为什么呢？"商人已经非常愤怒："这你还不明白吗！你会变得很有钱，再也不需要工作！你可以整天躺在沙滩上享受阳光，一身轻松，不理俗事。"渔夫抬起头来看着商人，笑问道："那你觉得我现在在做什么呢？"

关系变化

凯文重新发现的生活乐趣，还包括亲密关系——也就是所谓的关系变化（relationship changes）。现在他很感激妻子对自己的关心。他逐渐意识到，他过去一直视妻子对婚姻的付出为理所当然。但是创伤让他对婚姻产生了新的认识，他花更多时间与妻子相处。最近他们计划去维也纳旅行——两人向往已久，但从未成行。

在很多创伤亲历者身上，我们也能找到这种变化。他们改变了对亲密关系的看法。现在他们意识到，人与人之间的羁绊，是生命中最重要的东西之一。他们比创伤事件发生之前更加重视亲情和友情。约翰和茱莉亚的故事就是一个很棒的例子。

> 他们的儿子本杰明出生的时候患有先天性心脏并发症。虽然医生已经竭尽全力，还是没能挽救他的生命。孩子在9周大的时候死去。约翰和茱莉亚夫妇在本杰明出生后的两个月里不断奔波于医院病房，早已身心俱疲；而爱子离世，更将他们的精神完全击垮。他们把自己封闭起来，满怀悲伤，不敢想象将来。他们知道朋友想为他们提供帮助，但他们觉得没人能真正理解他们丧失爱子的悲痛和恐惧。一段时间之后，他们甚至都无法和对方谈论此事。他们的伤痛是如此沉重，简直难以承受。约翰告诉我，直到本杰明死去一年之后，他们才开始振作精神，认识到自己之前是多么颓丧。

那已经是8年前的事了。现在，约翰和茱莉亚养育了两个女儿。小女儿莫莉今年1岁，还只会爬来爬去。大女儿杰西卡已经3岁，很快就能开口说话了。约翰说：

> 我现在已经完全改变了。在（本杰明去世）以前，我相当狂妄自大，凡事以自己为中心，要么就一门心思扑在工作上。我不知道有了孩子生活会有什么不同。但是失去了孩子，我的生活完全颠覆。我通过这种极其残酷的方式，了解生命的可贵和价值，了解生命的短暂易逝。现在，我很爱我的两个女儿。虽然说来好像很愚蠢，但我觉得，是本杰明告诉我应该如何去爱。

茱莉亚对此表示赞同，并补充道：

> 我觉得，我们的感情生活也发生了变化。我们现在的关系比以前更加亲密。只有在与爱人一起承受痛苦、重见光明之后，你们才能拥有这般深厚亲密的爱情。现在我们之间有一种紧密的联系，而这种联系大多数夫妻都没有。

约翰和茱莉亚的故事，代表了人在经历创伤事件之后的一种共同倾向：远比以前更加重视亲情和友情。创伤亲历者常会提到，他们与人的亲密关系有了极大改善，因为他们了解到“谁是真正的朋友”。他们会认识到友情和亲情的真正价值所在，会进一步了解亲密关系给人带来的愉悦。很多人惊讶于他人给自己带来的帮助。有时候，恰恰是最不可能的人，给予了他们最大的支持。过去并不亲密的友谊，也由此变得愈发深厚。当然，有时候情况可能恰恰相反。他们认为最该支持自己的朋友反而无法为他们提供帮助。

很多创伤亲历者也发现，他们比以前更享受亲密关系。他们的同情之心也极大增长。曾经有一位自杀者的母亲这样说道：

> 那场悲剧至少教给我一件事，那就是我现在会精心挑选圣诞卡和我寄贺卡的对象。我会努力回忆，他们在那一年或者之前，是否经历过某种伤痛，然后给他们寄一张合适的卡片。因为我自己完全无法想象，有人会在得知我们痛失爱子之后，还能随便从盒子拿出一张圣诞卡，连看都不看一眼就寄给我们。

正如一位越战老兵所言："我为发生在其他人——任何人生命中的悲剧感到悲伤。我能切身感受到他们的痛苦。"

目前心理学家已知的创伤后成长的各种形式，已大致介绍完了。我之所以引用这些故事，是想让读者们对创伤后成长有一个较为全面的认识，同时我也希望大家明白，"创伤后成长"一词指的是人们在自我认识、生命看法、重要事物、生活目标和亲密关系方面发生的深刻改变。创伤后成长的研究领域在持续扩大，不断有新的元素加入进来。我们对"转变"（transformation）的认识，也必将得到进一步拓展。

关于创伤的新科学

创伤后成长是一门非常年轻的科学，诞生至今不过 20 年左右，现在仍处于快速发展阶段。在我看来，它无疑是临床心理学界近年来最激动人心的进展之一，它将会完全改变我们对创伤的看法，特别是改变关于创伤必会导致悲惨、不正常人生的观念。

心理学家在20世纪90年代末期就对创伤后成长产生兴趣，并开始系统地调查人在创伤之后产生的观念改变。在一项记录此类成长的早期研究中，研究者追踪调查了4~7年前因机动车事故而失去配偶或孩子的人。参与者会被问及如下问题：他们的生活状态如何，他们现在是否对事物产生了不同看法，亲人的死亡是否影响了他们的生活目标和理念。大多数人都至少提及一次发生在他们生命中的积极变化：更自信（35%的参与者），更享受当下（26%），更能坦然面对死亡（23%），更珍惜生命（23%），更重视家庭（19%），信仰更虔诚（15%），更能对人敞开心扉和更关心他人（7%）。

后来，一次特殊的悲剧事件使人们的目光再次聚焦于创伤后成长——发生在2001年9月11日的美国纽约恐怖袭击。尽管美国近些年来也经历过不少灾祸和事变，但“9·11”恐怖袭击背后的仇美情绪史无前例。这场袭击直接把美国历史划分为“前9·11”和“后9·11”时代。为什么会发生这样的惨剧？

简单说来，“9·11”事件极大地影响了心理学界，敦促心理学家开始研究创伤、心理康复和心理重建。研究发现，在“9·11”事件后数周里，很多人的生活都发生了轻微到中等程度的积极变化；很多人也表现出更高水平的利社会行为——比如在参与调查的人群中，有1/3的人在此期间曾献血、捐钱或出力。

其中最引人注目的一项研究开始于2001年11月。该研究的目的是调查恐怖袭击给人带来的积极影响。研究共历时3年，调查了1 382名成年人，他们是美国总人口的抽样代表。研究者向他们询问了如下问题：“有人说，他们发现‘9·11’恐怖袭击及其严重后果对我们的社会产生了意想不到的积极影响。就你个人而言，你是否也觉得‘9·11’对社会产生了积极的影响？”

被调查者可以选择1~5来回答这个问题。其中1=一点也不，2=有一点点，3=有一些，4=有很多，5=有而且不胜枚举。

如果被调查者回答在他们生命中确实出现了某些积极改变（即打分为 2 或以上），研究者就会接着问："那么你认为，'9·11'恐怖袭击及其后果对社会产生的积极影响是什么？"研究者将他们的回答分成如下 5 类：

- 利社会变化（比如"大多数人都变得更友善，更关心他人"）；
- 心理变化（比如"生命宝贵""把每一天都当作最后一天去生活"）；
- 信仰更为虔诚（比如"有更多人开始祈祷，或去教堂礼拜"）；
- 政治变化（比如"更爱国，更理解政府"）；
- 国家安全制度更加完备（比如"机场和全国各地的安检措施更严格"）。

研究发现，有 58% 的被调查者认为，"9·11"事件确实带来了某些积极变化，而且可能还不止一种。如图 4-3 所示，报告比例最高的是利社会变化（15.8%），其次是信仰上的变化（9.3%），政治上的变化（8.9%），国家安全变化（8.3%）和心理变化（7.3%）。另外还有 10.7% 的人报告了其他积极改变。

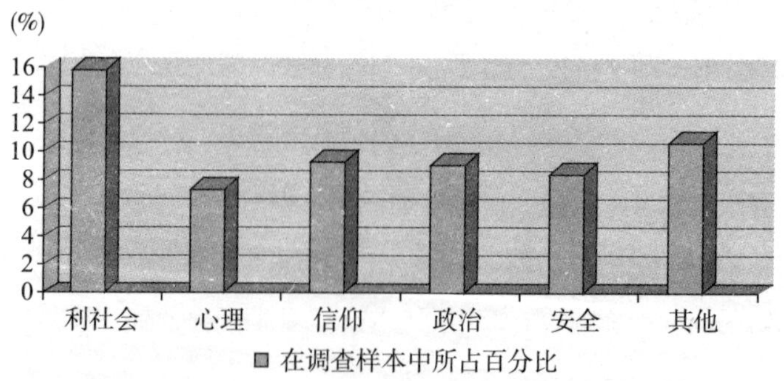

图 4-3 "9·11"事件后两个月，被调查者报告的各种积极变化

其他类似的恐怖袭击也敦促研究者展开类似调查。比如 2004 年 3 月 11 日，马德里的一辆通勤列车发生炸弹爆炸。在这次恐怖袭击之后，研究者也发现了创伤后成长的现象。现在，这类调查研究的范围更加广泛，不只覆盖恐怖袭击亲历者，其他人也在研究人员的关注范围之内，这些人包括，有医疗问题或病史的人（比如曾接受骨髓移植手术，或罹患乳腺癌、睾丸癌、类风湿性关节炎和心脏病的人，又比如永久性残疾或脑部严重损伤患儿的母亲），丧亲或痛失所爱的人（那些失去伴侣或孩子的人，例如目睹家人死亡的以色列和巴勒斯坦人，还有伊拉克丧偶的妇女），不良人际关系受害者（比如强奸受害者、童年时曾遭虐待的人或者遭受家庭或社区暴力的妇女），曾经亲历严重事故或灾难的人（比如卡特里娜飓风、东南亚地震海啸的幸存者）……上述种种，还只是心理学家已经完成的部分研究而已。

其他研究则证实，创伤后成长不仅可能因近期经历的程度较轻的创伤产生，还可能发生在创伤性事件（比如在战争时期被掳为战俘或亲历犹太人大屠杀）过去多年以后。很多与之类似的事件，特别是与个人生死安危息息相关的事件，都可能引发创伤后成长。

不仅与我们自身相关的事件如此，他人的痛苦，特别是与我们亲近之人的痛苦，也能引发创伤后成长。科学家曾调查过乳腺癌患者的女儿、丈夫，退伍军人和战俘的妻子，还有那些因为职业原因必须常常接触苦难的人——比如救灾人员、葬礼司仪和创伤治疗师。所有研究都证明，人不需要自己亲身经历危及生命的创伤性事件，也可能发生创伤后成长。

创伤后成长为何产生？似乎创伤性事件能给人当头棒喝。在创伤性事件发生之后，人不可避免地意识到生命具有不确定、不可预见、不可控制的本性，而人类又是如此脆弱。人的觉醒，也许就是各种创伤后成长的起因。

创伤后成长也并非只发生在成年人身上。针对青少年的研究发现，他们在遭遇生命危机、交通事故或家人死亡之后，也表现出个人成长的迹象。我们也能在成年人身上看出早年创伤给他们带来的影响。

美国艾奥瓦大学教授约翰·哈维（John Harvey）曾分析了数百例父母离异儿童的访谈记录。他研究的重心和目的，本在于了解儿童因父母离婚受到的伤害和痛苦；但他发现，很多儿童不仅因此成长，还学到了很多东西。参与哈维研究的一位22岁的年轻女子这样述说父母离婚一事：

> 我觉得，我确实比我的大部分朋友在心理上要成长得更快，我不认为这是件坏事。我开始学着不依靠别人，一切靠自己。我知道生活并不总能如你所愿。你必须直面生活中的种种意外。你因此能与众不同，能够看清事物的本来面目，不为表面浮光所惑。所以我现在可以诚实地说，我已经原谅了我的父母，我不怪罪他们任何一个。

我在分析过许多同类研究之后得出结论，在经历创伤的人中，有30%~70%认为，创伤性事件给他们带来了某种有益的影响。这个结论看似惊世骇俗，令人难以置信，但其实相当可靠。很多人在创伤之后似乎恍然顿悟——也就是发生“质变”（quantum change）。

> 罗伯特也曾经经历过“质变”。他是位技艺娴熟的花匠。某个周日，他正在自家花园修剪玫瑰，忽然感到胸口一阵剧痛，瞬间瘫倒在地。所幸他妻子当时在家，及时叫来了救护车。罗伯特在随后几天里恢复了健康。他告诉我，当他躺在救护车里被送往医院时，“我明白了对我来说最重要的是什么：我的家人、我的朋友，还有让我的孩子过上我所能给予的最好的生活……我想说的是，我想尽我所能做一个好父亲、一个好人。我不能再浪费时间。所有一切都豁然开朗。”

不过，就算创伤能使人顿悟，也不一定会发生长久的改变，而且创伤后成长一般不会发生得如此迅速。一般来说，创伤后成长是随着时间推移逐渐发生的。在一项研究中，162位乳腺癌患者被邀请填写调查问卷“创伤后成长量表”（Posttraumatic Growth Inventory, PTGI）——这份调查问卷共包含21道问题，由美国北卡罗来纳州夏洛特大学学者劳伦斯·卡尔霍恩和理查德·特德斯奇合作设计。问卷包括的问题有：“我发展出了新的兴趣”“我与他人的关系更为亲密”“我有了自力更生的愿望”“我的宗教信仰更为虔诚”，等等。参与者被要求以6分制为这些问题打分：

0 =“我经历的灾难，没有给我带来这个变化”，1 =“有一点微小变化”，2 =“有一点小变化”，3 =“有一定变化”，4 =“变化很大”，5 =“我经历的灾难，给我带来了巨大的改变”。

参与者在答完创伤后成长量表全部 21 道问题后，能拿到的最低分是 0，最高分是 105。分数越高，代表此人认为自己的创伤后成长越大。大量研究分析表明，问卷得分通常在 40~70 之间，也就是说，人在创伤之后通常会发生低至中等程度的成长。在我刚刚提到的乳腺癌研究中，患者分别应邀在乳腺癌诊断后第 4.5 个月、第 9 个月和第 18 个月时填写了该问卷（患者的平均年龄是 49 岁，且大多数人在研究开始时已接受治疗）。如图 4-4 所示，她们的 PTGI 平均得分在这 18 个月里呈现逐步上升趋势。

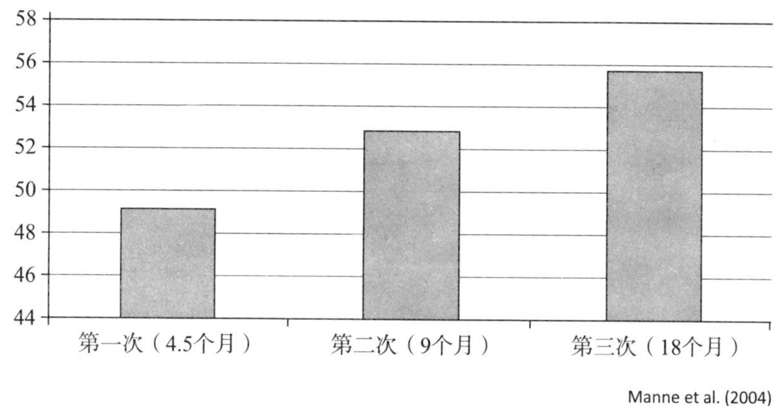

图 4-4　创伤后成长量表问卷得分随时间变化

积极变化真实存在吗？

心理学界已经研究了数十年创伤后应激反应。创伤后成长的概念刚被提出来的时候，部分学者一时难以接受。人们真的能因为创伤而成长吗？我们现在知道，创伤后成长确有发生，但创伤后成长的概念实在难以进行科学阐释。这是因为，如果我们使用前文所述“创伤后成长量表”之类的调查问卷来研究创伤引起的变化，我们实际上要依赖于当事人自己的说法。那么，怎样才能判断人们在回答调查问卷时说的是不是真话呢?

判断方法之一，是拿他们自己关于创伤后成长的说法与其亲朋好友对他们的看法作比较。有一项研究就采用了这种比较方法，让 61 位创伤性事件当事人填写创伤后成长量表调查问卷，同时邀请当事人的一位熟人独立填写一份类似问卷，问卷的内容与当事人有关。最后，研究人员将两份问卷放在一起比较，从而对当事人的说法进行评判。研究发现，当事人对创伤后长的说法大多是真实可信的。但这个判断方法也并非万无一失。如果不但当事人对自己的认识有所偏差，亲朋好友也看走了眼，那又该怎么办？要想确定创伤后成长的真实性，科学家不能只询问当事人他们感知到自己发生了何种变化。理想的情况是，我们可以比较人们在事件发生前“是什么样子”，以及他们在事件发生后“变成什么样”。

比如说，我们让未经创伤之人以 6 分制来评价他们的人生意义：0 = 我的人生没有意义，5 = 我觉得我的人生特别有意义（而中间的 1 = 意义很小，2 = 有点意义，3 = 有些意义，4 = 有不小的意义）。然后我们在他们经历某种创伤之后让他们再对自己做一次评估。假设有人第一次打了 1 分，第二次打了 4 分，后者比前者多了 3 分——这无疑就是创伤后成长的明证。

当然，这种方法实际操作起来困难重重——我们并不能知道谁将在什么时候会遭遇创伤性事件，所以我们也无法在事先就对他们的幸福感做好调查记录。不过，有时候这个方法也是可行的。有一项研究遵照的正是此项原则。该研究收集了 1985—2000 年间美国俄克拉荷马州 77 个市镇的离婚数据，发现在 1995 年俄克拉荷马爆炸案后，离婚率呈现明显下滑——这一发现，正符合我们“创伤会巩固亲密关系”的说法。

当然，这一现象也可能有其他解释，比如当时美国各地的离婚率都有普遍下降。如果我们只着眼于单一研究，会发现证据十分单薄。但是另一项研究却给我们带来有力的支持。这项研究对心理学家来说尤为难得。

在“9·11”恐怖袭击发生之前，该研究在全美抽样调查了 4 000 位居民，请他们在网上填写问卷，以评估他们的性格优势（character strengths）。研究者收集这些数据的本意并不是要验证创伤后成长理论。但在“9·11”事件发生之后，研究者很快意识到，他们可以对同一批人进行第二次评估，从而了解人是否会因灾难事故而产生变化。他们在事故发生两个月后，再次采集了同一批人的性格优势数据，与之前收集的数据作比对。

研究者推断，如果创伤后成长理论真实可靠，那么第二次采集的性格优势总体评分将会大于第一次——他们的发现，结果与假设一模一样。在袭击之后，研究参与者在感恩、希望、友善、领导力、爱、信念和合作精神方面的评分都大于以往，而且这些变化仍在持续加强——他们在 10 个月后又做了同样的评估，得分变得更高了。

这类前后对比研究很难复制，因为没有人能确切知道谁将遭遇逆境。有时候机缘凑巧，正如上述“9·11”研究那样，科学家可以比较人们在某个事件发生前后的变化。但这类研究实在难以提前筹划。

不过，如果研究者掌握的样本足够大，他们很可能会发现，其中相当比例的一群人会在随后的几个月里经历某种形式的逆境。

帕特里夏·弗雷泽（Patricia Frazier）教授和她的同事就做过这样一项大型研究。他们邀请 1 500 名学生参与一项关于心理幸福感的网络调查。8 周之后，他们又重新找到这批学生。这一次，他们不但让学生重填问卷，还问学生们是否在过去 8 周里经历过重大的人生事件。10% 的学生说，他们遭遇了某种让他们极其害怕、深感无望或恐怖的创伤性事件（比如生死攸关的事故、骚扰或疾病，有些是他们自己的亲身经历，有些是身边好友或至爱的遭遇）。这些学生在心理幸福感上的评分，会不会高于从前？结果显示，会高于从前。在这 8 周中经历创伤性事件的学生，心理幸福感的平均分数要高于创伤发生之前：其中 5% 的人说，他们的亲密关系得到巩固；12% 的人发现生命更有意义；25% 的人对生活感到更满意；8% 的人比以前更懂得感恩；还有 7% 的人的信仰比以前更加虔诚。[①]

包括前后对比研究在内的多种研究方式，都证明了人在逆境之后确实可能会发生积极改变。就连最挑剔的批评者现在也无法否认，人确实可能在逆境之后成长起来。

但我们还要面对另一种批评意见，那就是成长的“变化”很难量度。研究者不得不倚重于“创伤后成长量表”之类的调查问卷，请当事人自己对变化做出评估。但人对自己变化的认识，又能在多大程度上反映他们真实的改变？帕特里夏·弗雷泽研究方法的巧妙之处在于，她和同事们不单进行前后对比研究，还让那 10% 报告说自己在过去 8 周内曾经历创伤性事件的学生填写“创伤后成长量表”问卷，以评估他们如何看待自己在过去 8 周里发生的变化。

然后，研究者将创伤后成长量表的数据与前后对比研究的数据进行比较。可是，这两组数据并不能完全印证彼此。弗雷泽的研究给我们带来警示：被试的自评报告是否一定准确可信？不过，该研究采用的比较方法仍能部分印证个人认知与成长的相关性。其他研究也通过不同方法发现，在人们的认知与真实的成长之间其实存在很强的关联。还有另外一种可能：有些人的自我认知与他们的真实成长相符，有些人则并非如此。一项研究为这一观点提供了佐证。研究发现，压力较小的人，其自我认知与真实情况也较为一致；而压力很大的人的一致性较弱。

① 研究者还发现，人感知的成长水平与创伤之后心理压力水平上升有关，而真实的成长则与创伤之后心理压力逐渐降低有关。这是不是意味着，人感知的成长与真实的成长其实反映了两种截然不同的认知过程？

那么我们能从中得出什么结论？人确实可能在创伤事件之后成长，但他们不一定能明确知道（或回忆起来）创伤后成长是在何时以何种方式发生的，更不一定能准确传达给研究者。如果他们当时刚好处于巨大压力之下，自我报告的精确性就更要打个折扣。回忆个人变化的细节，要求拥有复杂的心理逻辑能力，因为参与者不仅需要评估自己在创伤前后的变化，还要计算二者的差异。研究参与者对前后变化的认知可能会有无意识的夸大。研究显示，有人会把过去想得比实际上更糟糕，如果让他们来回答关于前后改变的问题，他们就一定会认为现在比以前更美好。

还有一个原因，也能造成个人认知与实际情况之间的差异，那就是创伤后成长量表之类的度量方法本身存在的问题。这些量表试图让人评估自己因生命中某个特定事件而发生的变化，但是在现实生活中，我们绝不会只受单一事件影响。与创伤毫不相关的其他生活事件，也可能会促成个人的成长。一个刚刚遭遇创伤的人，也许会得到晋升，或者学会某种新的技能——这种种因素都能提升其个人满足感。与创伤有间接关系的生活事件也会帮助个人成长，比如创伤亲历者向朋友寻求安慰，离职休养一段时间等——这些举措可能都会给他带来积极变化。所有这些因素产生的影响，都会被我们计入“真实的变化”，但不一定会被当事人报告给研究者。

除此之外还有一种情况，也能导致创伤后成长调查问卷的反馈产生偏差，那就是有些人可能会夸大他们的变化。在被问及创伤后的改变时，他们会故意夸大自己的积极改变，以此向别人展示自己的积极态度。也就是说，研究参与者会隐瞒实情，假装状态良好，从而迎合他人的期望。有一位亲人自杀身亡的女性在访谈中这样说道：“你真的不能告诉别人任何事，因为你不想吓到他们，不想让他人难过，不想辜负大家的期望。人们都喜欢听好消息。他们不想听任何悲伤和令人难过的事。”

与之相对的另一种可能是，人们会故意淡化他们的创伤后成长，因为他们认为，谈论创伤带来的“益处”是不对的。在上述那个关于亲人自杀的研究中，部分参与者表示，他们虽然确实感受到一些积极变化，但选择保持沉默，因为他们觉得别人未必能够理解。这些参与者只对一位研究者敞开心扉，因为她也曾有亲人死于自杀。这也许能够解释，为什么问卷式调查会比开放性访谈得到更多与创伤后成长有关的反馈。基于同样的原因，问卷如果是以勾选表格的形式呈现的，那么参与者报告的创伤后成长也会更大。

上述种种原因，都可以说明个人反馈与真实成长之间的不符之处。还有另外一种更为深层的解释：有人可能会说服自己悲惨经历给他们带来了积极的影响，但事实上并非如此，他们眼中的成长不过是种幻觉。

在一项关于乳腺癌患者的研究中，2/3 的参与者表示，他们觉得自己的生活比以前更好了。他们会谈论自己如何重新确定生命中重要之事，花更多时间经营重要的感情，花更少的时间处理烦琐俗务。但有时候，他们似乎不尊重事实。比如有些女性会说，她们感到自己能够控制癌症，能够阻止其复发。而这显然是不现实的。尽管如此，这种成长的幻觉有时也能带来益处。在同一项研究中，研究者还考察了这类“假性”积极影响与幸福感的关系。他们收集了肿瘤医师和心理学家的意见，以及患者自己的反馈。他们发现，患者充满信心确实对心理健康有益。或许我们可以说，在逆境面前，有人可以通过“积极幻想”来维系心理健康，提高自信。

另一项研究则调查了 67 名向某强奸受害者项目求助的女性。研究者是在强奸事件发生之后三天向当事人询问，强奸事件是否给她们的生活带来了某种积极变化。有 57% 的人都反馈说，她们确实发生了某种积极改变——这让研究者深感意外。后来研究者又对 171 名女性做了类似调查。他们发现，其中高达 91% 的人都在被性骚扰后的两周里表示自己发生了至少一种积极变化。变化包括：“更关心与我有类似经历的人”（80%），“和家人的关系变得更好”（46%），以及“更珍惜生命”（46%）。

上述研究结果，反映的究竟是创伤后成长，还是某种应对创伤的方式？对此我们还无法确定。但基于前面阐述的种种理由，我们不能只看表面现象，盲目接受那些刚刚经历创伤、仍旧承受巨大心理压力之人对创伤后成长的一面之词。

压力促发积极改变

为何创伤亲历者报告的创伤后成长会与实际情况不符？这一问题在过去数年中一直困扰着研究人员。他们仍在继续努力研究，假以时日，一定会向我们揭示更多关于创伤后成长的秘密。心理学家在过去许多年中，已经逐渐积累起大量的创伤后成长数据，有些数据来自当事人的自我陈述，有些数据则标志着真正的改变。基于这些资料，我们就能对创伤后成长的速率和发展阶段，形成更清晰的认识。

虽然创伤后成长依然是一个相对非常年轻的研究领域，仍有许多疑问摆在面前，但是大量科学研究已为我们带来不少有趣的发现。其中最令人惊讶的是，认为自己成长最大的，不是那些对创伤最有抗性的人，而恰恰是那些心理受到很大伤害、表现出一定程度的创伤后应激障碍的人。这一事实迫使我们开始改变对创伤后心理压力的看法：我们过去认为创伤后心理压力只会带来困扰，但现在我们更倾向于把它看作创伤后成长的发动引擎。

人们对创伤后成长常有误解，认为它和创伤后心理压力不可相容。有些研究创伤后成长的人也幼稚地以为，在创伤后能够成长起来的人，在创伤后一定不会遭遇心理压力或其他心理障碍的困扰。然而，一个人经历了创伤后成长，并不意味着这个人就能摆脱创伤后心理压力的影响。正如我说过的那样，创伤后成长似乎与创伤后心理压力相生相随。

自称经历过创伤后成长的人，往往也曾经承受极大的心理压力，有过严重的创伤后应激反应。成长发轫于痛苦挣扎之中。我们会想起鲍比·肯尼迪（Bobby Kennedy）在马丁·路德·金被谋杀当晚发表的演讲。他引用古希腊诗人埃斯库罗斯（Aeschylus）的话说："人若要进步，必须承受苦痛。即使在睡梦中，我们也不能忘记，痛苦一点一滴渗入内心，让我们绝望，违背我们的意志。但这是神给予我们的可怕恩典，能够给我们带来智慧。"这番话也得到了研究的支持。研究发现，较高水平的创伤后心理压力通常也伴随着较高水平的成长。

其实，一定程度的创伤后心理压力，往往是促发积极改变的必要因素。创伤后心理压力似乎是创伤后心理成长的驱动引擎——经由影像、思想和感觉的回溯，动摇人的精神世界，让人不得不通过自我意志去主动理解和应对创伤事件。

但是，我们也不能把创伤后心理压力和心理成长简单地画上等号。人们的情况各不相同。发生在他们身上的到底是什么事件，他们的应对能力如何，他们能从他人那里获得多大的帮助……这种种因素，都能影响创伤后心理压力引擎的发动速度。有些人的引擎运转平稳。他们可能也承受巨大的压力，深受过去经历困扰，但往往也能自我恢复。另一些人则与之相反。他们的引擎过热，入侵式回忆占领了他们的精神世界，他们竭力避免能让自己产生回忆的事物，因而无法有意识地处理创伤事件。在这种情况下，创伤后心理压力不但不会促发成长，反而会对其产生抑制。美国斯坦福大学学者在"9·11"事件之后进行的一项研究为上述结论提供了支持证据。他们发现，最大的创伤后成长，发生在那些认为自己承受"中等程度"心理压力的人身上。

如前所述，一定程度的创伤后心理压力，可以激发创伤后成长；但如果创伤后心理压力水平过高，就会将成长的希望抹杀。我们可以把创伤后心理压力与创伤后成长的关系，用 U 形图表示出来（参见图 4-5）。

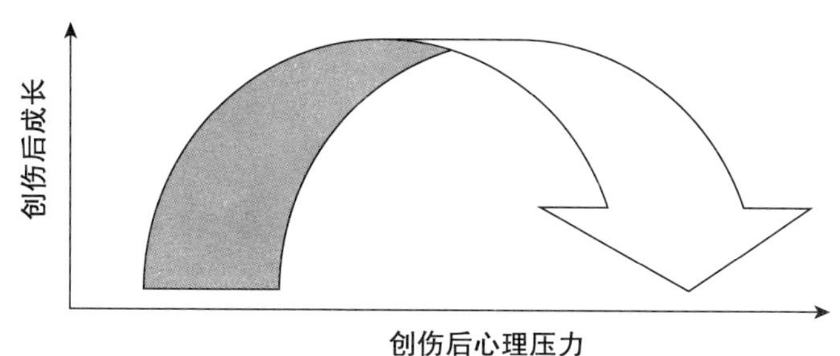

创伤后心理压力提升，创伤后成长也会随之产生。压力超过某一程度之后，创伤后成长也将逐渐消失。

图 4-5　创伤后成长与创伤后心理压力的关系

创伤后心理压力引擎过热，可能会阻止创伤后成长；如果一个人的创伤后应激反应太过激烈，他也可能会被诊断出创伤后应激障碍。一项研究调查了50位有过创伤经历、现在无家可归的女性，她们中的大多数人都被诊断出创伤后应激障碍。但是，从她们身上，我们无法找到任何创伤后成长的痕迹。只有中等程度的创伤后心理压力，才能让人自觉、有意识地思考创伤和人生，促发成长。简单来说，人如果没有承受“一定程度”的创伤后心理压力，就不可能发生创伤后成长。

但是创伤后心理压力与创伤后成长之间的影响并不是单向的。一旦创伤后成长扎下了根，它和创伤后心理压力的关系就调转过来。随着创伤后成长抽枝发芽，它也会逐渐减轻创伤后心理压力的影响。研究者曾经调查过195名灾难事件的幸存者。那些在事件发生后的4~6周里承认自己发生积极变化的人，3年之后被诊断出创伤后应激障碍的概率较小。前文提到的那次斯坦福大学的“9·11”研究发现，那些向研究人员反馈说自己在事件发生后的几天或几周里有所成长的人，在6个月后承受的心理压力也较小。另一项关于临终关怀的研究也证明了这一点。该研究调查了成年人在痛失所爱之前3个月到之后8个月间的心理状态。研究者发现，报告自己有所成长的人在此期间承受的心理压力要小于那些认为自己没有成长的人。

在创伤后维持持续性成长，对精神健康来说最为重要。最可能因创伤后成长而达到更好的心理状态的人，不单在创伤发生之后认为自己有所成长，在其后几个月里也都如此认为。在一项极其复杂的实验中，171 名强奸受害者分别在事件发生之后两周、两月、半年和 1 年，应邀填写调查问卷，以评估她们的积极改变。研究人员根据参与者的反馈，将他们分为 4 组：

- **“积极改变提升”组**：在两周时认为自己发生的积极改变很小，在 12 个月后认为自己的积极改变很大；
- **“积极改变消退”组**：在两周时认为自己发生的积极改变很大，在 12 个月后认为自己积极改变很小；
- **“从来都没发生过积极改变”组**：在两周和 12 个月后都认为自己发生的积极改变很小；
- **“一直在发生积极改变”组**：在两周和 12 个月后都认为自己发生的积极改变很大。

其中，“一直在发生积极改变”组在事件发生 1 年后承受的创伤后心理压力最小，恢复得也最好。

创伤后成长的连锁反应

创伤后成长是否能给人带来更高的生活质量？学者也对此进行过研究，结论是：很有可能！我们知道，被创伤后心理压力折磨的人，认为自己的生活质量大大降低；但是在那些认为自己发生了创伤后成长的人身上，创伤后心理压力得到很大缓解。研究人员曾调查过 161 名被诊断出早期乳腺癌并接受治疗的女性。一如研究者所料，如果她们的创伤后心理压力水平较高，通常她们的生活质量也较差。但是如果她们认为自己发生了较大的创伤后成长，其心理压力水平与生活质量的关系就被削弱了。研究结果如图 4-6 所示，随着创伤后心理压力的提升，生活质量也会下降，这种变化趋势在认为自己创伤后成长较小的人身上尤为明显。

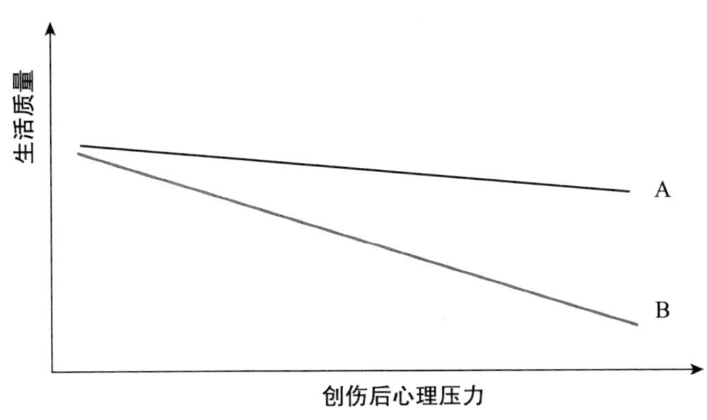

图 4-6 创伤后心理压力和生活质量的关系

另一研究则调查了 117 名接受癌症手术治疗的患者。研究者发现，在术后找到积极意义的人，通常在手术过后一年都过上了更高质量的生活，他们的焦虑和抑郁水平也较低。就算把他们在术前的焦虑、抑郁程度和生活质量因素通通考虑进来，结论依然不变。还有多项研究显示，在创伤后取得成长的人，一般来说心理健康问题也更少、抑郁水平更低、自杀倾向更弱，生活态度也更为积极。这些研究调查了大量不同创伤事件的受害者，包括 HIV 患者、遭受性骚扰的女性、痛失亲人的人们、自杀者的父母、佛罗里达飓风的受害者、得克萨斯州大规模谋杀事件幸存者、印第安纳州飞机失事幸存者、卡特里娜飓风受害者以及恐怖袭击亲历者。

现在，科学家已经相对全面地记录了创伤后成长给人类心理健康带来的好处。前面曾提到，我们谈论创伤后成长，其实是在谈论幸福感，幸福感与长期心理健康有关。研究者进行过一项时间跨度长达 10 年的追踪调查，最终在

2010 年发表了研究成果。他们调查了 5 630 名参与者在 55~56 岁和 65~66 岁时的心理健康状况。在 55~56 岁时幸福感评估较高的人，在未来 10 年患上抑郁症的可能性是幸福感评估较低者的 1/8。造成这一现象的可能原因是，如果心理幸福感得到提升，我们就更有能力采取某些策略，促使自己积极应对生活。研究证明，心理幸福感更大的人会采用更有策略性（比如注重目标和感觉）的应对方式，而不是一味回避，他们也会得到更多的社会支持。

但是创伤后成长的益处远远不只改善精神健康状况，它还能让我们变得更积极，让我们生活得更好。积极心理学家克里斯托弗·彼得森（Christopher Peterson）教授和他的同事曾做过一项心理调查。他们发现，创伤后成长最大的人，通常更幽默、更友善、更有领导才能、更有爱心、更有社会智能、更有团队精神、更勇敢、更诚实、更善判断、更有毅力、眼界更宽、更懂得自我约束、更会欣赏美、更有创造力、更好奇、更能享受学习之乐、更感恩、更加心怀希望、更加热爱生活、更正直、更懂得宽恕、更谦逊，也更审慎。

创伤后成长能给身体健康带来怎样的影响？科学家也对此进行过研究。研究者访问了 287 名最近刚刚经历第一次心脏病发作的男性，超过 50% 的受访者认为，心脏病给自己带来了某种益处，比如他们对人生的看法由此发生了积极的变化。但这还不是研究者最重要的发现。这项研究历时 8 年。当年在心脏病发后几周里声称这次不幸事件给自己带来了某种好处的人，在其后 8 年中较少经历心脏病发作，死亡率也较低，他们的整体健康状况也好过其他受访者。在年龄、社会阶级和疾病严重程度这些因素都被排除之后，这一结论依然成立。

另一项研究的对象是类风湿性关节炎患者。研究发现，因患病而发现了人生意义的人，身体健康状况也会得到改善。一年之后，他们有更强的日常活动自理能力，比如自己洗漱和拿取物品。在排除掉伤残等级因素之后，结论依然成立。

这真是惊人的发现！有些研究者想弄明白这是为什么——难道发现人生意义和人体免疫系统功能有关？相关研究证明确实如此。一项研究调查了 40 名 HIV 呈阳性的男性，他们都在最近失去了亲密的朋友或伴侣（死于艾滋病）。研究结果发现，认为自己因此悲剧事件受到积极影响的人，在后来的 2~3 年中其免疫系统衰退的速度较低，死于艾滋病的概率也较小。其他针对 HIV 呈阳性的男性和女性进行的类似研究也证明，创伤后成长会对免疫系统产生积极影响，让我们的身体更有抗性。

创伤后成长与创伤后心理压力

我们在谈论创伤后成长带来的长期积极影响时，也不能忘记人们在创伤之后承受的巨大心理压力。他们可能需要心理指导和支援来帮助自己克服心理障碍。

综合来看，创伤后成长最终能减轻创伤后心理压力，而创伤后心理压力又是最初激发创伤后成长的因素。但是创伤后成长并非易事。一项历时 30 年、专门研究心理创伤的实验告诉我们，每个人在创伤之后的反应，不仅与创伤性事件本身有关，还与他们当初在事件发生时如何应对、如何反应有关，与他们在事件发生之后如何进行心理恢复有关，与他们接受的社会支持有关，与他们在创伤后经历的其他人生大事有关。

创伤性事件发生之后，当事人可能还会经历家庭困扰、孤独、难以预料的改变、生活剧变、失去亲友、健康问题、经济困难或者缺乏社会支持等困境。他们的人生远比生活一帆风顺的人更为艰难和波折。不仅如此，他们可能还会遭遇与创伤性事件有关的应激源（比如刑事诉讼、警方询问和媒体报道）——这些都会让当事人一次又一次地重温创伤，从而更加难以解脱。

心理困境因人而异。经历创伤性事件之人，可能对自己感到失望，也感到自己令他人失望。如果他们在危机发生时做出过什么不当行为，他们更会感到深重的罪恶和耻辱，情绪变得愤怒、恐惧和暴躁。不过，这种种情感都能在未来帮助他们避开危险、做出补偿、表达忏悔、寻求正义。所以，我们不能认为这些情感就"一定是"破坏性的。但如果它们太过强烈又持续太久，或者使人做出不当行为，那么这些情感就于我们有害。

有些人想直接移除这些破坏性的情感，他们会选择和人交谈，或者向专业人士寻求帮助。另外有些人则会把这些感觉"掩藏"起来，他们让自己忙碌不休，酗酒或借助药物来麻痹自己，转移注意力。

> 凯伦有强迫症，必须让一切事物保持整洁。有时候她会花 8 个小时清理厨房的墙壁和地板，一直干到午夜。她在 14 岁的时候被强奸，而清洁可以让她不再回想那次恐怖的事件，为她提供了一种控制感情的方式。

这类方法也许能在短期内有成效，但是在长期内鲜有效果。许多人和凯伦一样，试图通过转移注意力的方式来抹平伤痕，但他们往往会过度依赖于此，最后甚至可能进一步巩固破坏性的情绪。他们无法控制愤怒，满怀恐惧、悲伤、哀怨、羞愧或罪恶，精神状态难以稳定。就像多米诺骨牌一样，每个问题都会引发新的问题。他们的生活开始分崩离析：婚姻问题进一步加深，夫妻吵架、关系瓦解；友情消散；工作如同酷刑，终致失业；健康问题涌现。这时候，社会支持似乎就成为人们心理上的最重要助力。

然而，社会支持并非随时随地都能获得。何况，创伤性事件有时候不只会影响当事人个人，还会影响其家庭，其所在的社区，甚至整个社会。创伤性事件可能会断开个人与社会之间的联系，摧毁对精神康复来说至关重要的社交网络。如果发生这样的情况，那么社会就不能再为当事人提供他需要的精神支持。举个例子，有些士兵发现，他们在离开军队"大家庭"、重返平民生活后感到难以适应，很难从同伴或家人那里寻得自己需要的理解、陪伴与支持。

简单来说，创伤后成长诞生于创伤后的痛苦之中。痛苦本身的真实性毋庸置疑，我们不应刻意美化痛苦。但创伤亲历者也必须了解，他们在尝试控制强烈情感、想办法走出创伤阴影的过程中所承受的压力，终会将他们导向转变。我们也要知道，创伤后心理压力也许会像引擎一样，为创伤后成长提供动力。无论如何，创伤亲历者必须自己控制方向舵，让自己的精神之舟驶向正确的方向。在接下来的几章里，本书将详细介绍创伤后心理压力这个驱动引擎，以及人们应对创伤的不同方式。

重新绘制心灵地图

碎花瓶理论

月光下的街道上，26 条狗眼露凶光，在城市中狂奔，惊慌的人群四散奔逃。它们径直来到你的窗下。你透过窗户向外张望，一双双明黄色的嗜血的眼睛正在盯着你。

这个可怕梦境是金球奖获奖影片《与魔共舞》（*Waltz with Bashir*）的开场。我们跟着导演阿里·福尔曼（Ari Folman）的镜头来到这样一个夜晚：阿里与一位久别重逢的旧友在酒吧交谈。朋友对他讲述了这个不断重复出现的噩梦。朋友说，这梦境的源头要追溯到 20 世纪 80 年代初的黎巴嫩战争时期。当时他是一名新入伍的以色列年轻士兵。在一次行军时，指挥官命令他射杀一个村庄里的所有的狗，防止它们向敌人报警。那次他一共杀死了 26 条狗。现在它们都回来找他了，在每一个可怕的夜晚，一次又一次。

阿里听了朋友对梦境的描述，不禁开始回想自己的军旅生涯——但

> 是他想不起来，他不知道自己曾经发生过什么。他到底忘记了什么呢？《与魔共舞》讲述的正是他努力唤醒记忆的故事。他开始约见当年的战友，谈论他们的经历。当然，他也听到了各种各样的梦境。
>
> 过了很久之后，阿里的记忆才逐渐从心底浮现。那是一段多么痛苦的经历啊！简直令人无法承受——也许这般痛苦的回忆，只应存在于被遗忘的国度。但是阿里知道，如果他想要修复精神的创伤，就必须把记忆从遗忘之界召唤出来。《与魔共舞》以戏剧性的方式表现了记忆与遗忘之间的冲突。对于带着创伤生活的人来说，这是真切而痛苦的事实。

创伤幸存者通常无法完整回忆起自己的创伤经历，连缀成一个完整连贯的故事。失忆可能从创伤发生的那一刻就已经开始，之后还会持续很久。他们试图拼凑出事件的全貌，但能够回忆起的只是零星的碎片、杂乱的念头和混乱的感觉。

在正常情况下，大脑的认知过程总是遵循逻辑的。在我们讲述故事、储存记忆和理解意义的过程中，活动记忆被转存为长期记忆。认知过程的每一个步骤都有条不紊、井然有序，从头到尾顺畅、自然。

但是一旦创伤发生，负责记忆和语言的大脑区域可能会停止工作。如果我们事后试图回忆创伤，就会发现记忆变得七零八落。记忆碎片缺乏连续性，而且看起来全然没有逻辑。一位男士曾经向我这样描述他的记忆："几秒、几分钟和几小时发生的事全都混在一起，完全分不出来。"与创伤性事件有关的回忆常常支离破碎，这是因为它们都被储存在短期记忆中，等待创伤过去之后再做进一步的处理。因此，我们对于日常生活的记忆，会随时间流逝而消退；我们对创伤的记忆，则会在头脑中盘桓不去。

创伤引发的记忆问题可能持续数年之久——除非创伤记忆从短期记忆中移出，转存为长期记忆。但要想达成这一目标，我们必须首先关闭自己的心理警报系统——有两种方法可以选择，一种是自我调整，不断提醒自己创伤性事件已经过去；另一种是接受心理治疗干预。与此同时，负责叙事处理、记忆储存和意义理解的大脑区域需要被再度激活，才能让创伤记忆归档。

但我们不能只着眼于神经生物学过程，它并不能回答我们关于人类应对创伤的全部问题。应激反应和神经回路无疑会对我们的生命活动和思想感情起到支配作用，但对于创伤后成长来说，另一种人类独有的特质也同样重要，这就是我们反思与谈论创伤并最终做出阐释，由此成长的能力。如果失去了这样的能力，我们就很难治愈心伤。所以，我们不能只从神经生物学的角度来理解创伤后成长。我们还必须知道，心怀期望与审慎思考，都将在创伤后成长的过程中扮演重要角色。在多种因素的共同作用之下，创伤后心理压力也会变为我们成长的引擎。

抚平心理创伤的 5个阶段

我们要将注意力从神经生物学转移到人类行为研究上来，就不能不提到马蒂·霍洛维茨教授（Mardi Horowitz）。他是创伤研究领域的世界级顶尖专家，他把人类抚平心理创伤的过程划分为下列 5 个阶段：

- 痛哭（outcry）；
- 麻木和抗拒（numbness and denial）；
- 入侵式回忆（intrusive re-experiencing）；
- 理解创伤（working through）；
- 抚平创伤（completion）。

这 5 个阶段并不是固定不变的，并非所有人都会照此顺序走完自己的心路历程。有人可能会跳过其中几步，或者代之以其他途径。霍洛维茨教授的理论最为人称道之处在于，他为我们了解创伤康复背后的心理过程提供了一种全新的分析方法。

很多人在经历创伤之后都会立即进入霍洛维茨所谓的“痛哭”阶段。处于这一阶段的人常会惊惶不安。我曾经接待过一位名叫琳恩的女士，她当时刚好处于这样的心理状态。

> 有一天，她在结束漫长的工作之后终于能回家了，却赶上糟糕的交通。最终走进家门时，她已经筋疲力竭。她把挎包扔在门口，径直走向冰箱，给自己倒上一杯酒。这时她才发现丈夫迈克尔还没有回家，家里出奇地冷清。她打开取暖设备，忽然有种奇怪的感觉，但她不知道是为什么。后来她走进厨房，发现桌上有张字条，是迈克尔留给她的。他说，他曾经是那么爱她，但他不能再继续维持这段婚姻了，他爱上了别人。他在当天早些时候已经搬走了。
>
> 琳恩至今还记得自己当时的感受：她觉得脚下的地板忽然张开大口，她的心脏开始狂跳，她甚至觉得自己马上就要心脏病发作了！——这把她吓坏了。在接下来的几天里，琳恩一直像母亲腹中的胎儿一样蜷缩在床上，有时流泪痛哭，有时大声尖叫。她不能相信自己和迈克尔的婚姻已经走到尽头。“我甚至都无法站起来。这件事对我的打击实在太大了。在那几天里，我一直昏昏沉沉的。我无法相信这一切。有时候，我会长久地坐在那里，眼光呆滞，盯着一片虚空；有时候，我会忽然想起，他离开我了。”

“痛哭”阶段过去之后，与创伤有关的想法、影像和记忆会如潮水一般汹涌而来。它们是如此令人沮丧，以致大脑会自动开启防御机制，将它们挡在意识之外。于是我们就来到了第二个阶段：“麻木和抗拒”。

麻木和抗拒是重要的自我保护机制。有人在回忆创伤性事件时，就好像一个自己在演舞台剧，而另一个自己从远处冷眼旁观；又或者如同做梦一般。上述反应都是我们在面对巨大心理压力时的自我保护方式。自我保护还表现为感情麻木。正如一位女士所说的："我感到自己心如铁石。我把自己的内心完全封闭起来……在周围筑起一道耶利哥之墙（walls of Jericho）[①]。对我来说，这是应对创伤的唯一方式。"

有时候创伤事件给人带来的打击实在太大，以至于早在痛哭阶段之前，有人可能就已经开始抗拒事实。在《我还活着》（*I Am Alive*）一书中，犹太人大屠杀幸存者基蒂·哈特（Kitty Hart）这样描述自己刚到奥斯维辛集中营时表现出的抗拒：

> 我耳目所及的，只有尖叫、死亡和喷着浓烟的焚尸炉。黑沉的煤渣和焚尸的气味充满空气……这就像是一场可怕的噩梦。过了好几个星期以后，我才能真正相信这发生的一切。

但是，抗拒和麻木（更常见的说法是"回避"）并不能一直持续下去。就算我们能暂时将记忆封闭，不让它流入认知，但我们的记忆实在太过强大，它总有一刻会突破封锁。如果我们只是一味压制记忆，不去积极处理，总有一天它会把我们的意志击溃。研究显示，如果我们刻意压制负面感觉，反而可能会提升它出现的频率——这就是所谓的"回跳效应"（rebound effect），也就是霍洛维茨所说的第三阶段："入侵式回忆"。

研究者把回跳效应比作一个不受欢迎的室友。假设某栋公寓楼里住着一群租客，他们集体同意将其中一个房客赶出去。有一天，他们趁这个不受欢迎的家伙出门的时候换了外面大门的门锁。他回来后发现进不去了，于是用力敲门。门里的人则装作没听见。他怕自己的动静不够大，就越发用力，但这样也没用。最后他敲累了，坐在门前台阶上睡着了。其他房客听见外面安静下来，都认为他已经走掉了。但是过了不久，敲门声又重新响起，而且比以前更大了。不久后门外又归于沉寂。其他房客心想：这下可好了，讨厌的家伙终于走掉了！但是安静并没有持续太久，那个不受欢迎的房客突然打破窗户冲了进来！回忆是

① 耶利哥的故事出自《圣经·旧约》，它是一座传说中不可摧毁的约旦古城。——译者注

痛苦的，但如果我们不想让回跳发生，就必须勇敢直面。

人们常会在抗拒和入侵式回忆这两个阶段之间来回摇摆。大多数人都能鼓起勇气，尝试把与创伤有关的信息存入长期记忆，但是这个过程实在太过痛苦，一次只能完成一小步。想起一点，就忘记一点——这就是所谓的“理解创伤”。

“理解创伤”阶段开始之后，人们似乎把自己的感觉隔离起来。他们就好像化身成为旁观者，从远处遥望自己经历过的创伤性事件，或者仿佛身在梦中——也许大脑是在通过这种方式调节创伤压力，不致一时之间给人造成太大冲击。我们不断努力理解创伤的同时，先前的抗拒心理和入侵式回忆逐渐褪去。于是我们就来到了最后一个阶段：“抚平创伤”。储存在短期记忆中的创伤回忆，在此阶段终于被转存为长期记忆。

大多数人都能成功度过回避和入侵式回忆阶段，但有人在最开始的痛哭阶段就卡住了，也有人卡在了回避或入侵式回忆阶段，或是在二者之间来回摇摆。人们难免会为此感到烦恼和恐惧，如果他们不明白自己出了什么状况，困境只会更加严重，人们可能会觉得自己要发疯了。霍洛维茨教授的理论帮助我们认识到，创伤后心理压力其实是一种正常而自然的认知过程，人需要以积极主动的态度去理解创伤、整合记忆。

情感行李箱

我有时会向前来寻求帮助的咨询者解释霍洛维茨教授的回避与入侵式回忆阶段理论。为了更好地表达其中奥妙，我通常会作如下比喻：人在经历创伤之后，思想和感情都被立马塞进行李箱，迅速带离创伤现场。但是，行李箱若打理得不好，不知道什么时候就会崩开——特别是“敲门”事件发生的时候。经受创伤之人会刻意回避痛苦的感觉、想法、影像和梦境，因为他们觉得这一切实在太难以忍受了，他们只想牢牢扣住行李箱，不让里面的东西跑出来。但要让行李箱永远紧扣并不是件容易的事。

要想抚平创伤，就必须把情感行李箱打开，然后重新整理打包——这是接受并理解自己创伤经历的必经之途。我们必须知道，有些事情无法回避：我们不可能切断与创伤的全部联系，虽然我们一心期望如此。重新打包能使我们摆脱掉一些东西，比如罪恶感和愤怒，并且重新理清一些东西。在此之后，虽然我们依然带着这行李箱，但我们不会再像以前那样时刻面临着崩溃的危险。虽然打开箱子和重新打包的过程必将给我们带来很大的痛苦，但我们会越来越驾轻就熟，痛苦也会越来越小。

创伤幸存者们终将发现，他们虽然必须一直提着行李箱，但已经不用再时刻担心它会突然崩开。他们甚至可以在任何时候打开行李箱检查里面的东西，而不致产生太大的心理负担。行李箱“崩开”的频率也会越来越低，不再如之前那般令人烦恼。它变得越发轻便、越发安全——原先在里面装着的某些特别沉重的东西，已经被我们消耗掉了。行李箱里究竟装了什么，需要创伤幸存者开箱整理重装？那就是我们的思想、信念和假设。

创伤摧毁假设世界

创伤事件总是突然到来，不可预测。不仅如此，它还与我们的世界观背道而驰。我们在内心深处都默认坏事不会发生在自己头上，所以亲身面对最糟糕的境况时，我们关于世界的假设以及对自己的定位必将受到巨大的冲击。英国童书作家和插画师安东尼·布朗（Anthony Browne）在小时候失去了父亲，那是他前半生受到的最大打击。后来他曾撰文回忆当时的情景：

> 爸爸在修水管的时候忽然倒下。他倒下的过程似乎相当漫长。他全身痉挛着躺在地上，发出的声音可怕极了。我们不知道该怎么办……后来他不再动弹。

这位伟大得近乎神灵的男人，现在躺倒在一片狼藉之中。我曾经以为，没有什么东西能够将他打倒。

父亲的死，震动了小布朗的“假设世界”（assumptive world）——这是我们从童年时期就开始形成的基础性假设，是支撑起我们整个概念体系的根基。假设世界的概念，来自儿童心理学家约翰·鲍尔比（John Bowlby）。他曾详细地阐述了儿童如何通过与照顾者交流来构建自我认知和世界观。

要了解假设世界理论，不妨看一个最简单常见的例子——圣诞老人。很多儿童都相信圣诞老人是真实存在的，他们凭此建立起一系列关于外部世界和他们自身的假设。比如说，他们相信，如果自己表现好的话，圣诞老人就会给他们带来礼物作为奖励；但如果他们表现不好，圣诞老人就会惩罚他们，把他们从今年的礼物名单上划掉。我们在长大成人以后可能早已淡忘，还是小孩子时，我们是多么笃信圣诞老人的存在，正是这份信仰支撑起我们的世界观。随着年龄增长，我们有了更多人生阅历，就不再相信圣诞老人的存在了。但是，我们在小时候基于圣诞老人的存在建立起来的假设世界，依然长存于心。

我们在一生中会不断重新审视我们对世界的假设，这种审视通常由小及大，由弱及强。在大多数情况下，我们甚至都不知道它已经悄然发生。虽然我们不再相信圣诞老人的存在，但我们在各自的文化圈里换成了其他替代物，比如政府、教育和信仰。它们其实和圣诞老人没什么两样，都让我们相信正义、公平、幸运、可控性、可预见性、协调性、仁爱和安全——这些信念都根植于我们的世界观深处。它们是我们为人处世的准则，是我们设立生活目标的基础。

社会学家认为，文化为人类提供了某种秩序感和稳定感，帮助我们理解自己的经历，让我们过上各司其职的生活，它同时也阻止我们认识到人类脆弱的本质。而创伤会残忍地击破我们对生命的幻想——那是我们假设世界的基础。

人类是脆弱的生物，死亡总在伺机而动——这是我们出于本能不愿接受的残酷真相。我们在自己心中筑起高墙，把对生命脆弱的恐惧阻挡在外。美国文化人类学家欧内斯特·贝克尔（Ernest Becker）在《反抗死亡》（*The Denial of Death*）书中写道：

> 人的生物性太可怕了。一旦你承认自己不过是一个会排便的生物体，你等于是自己迈入了焦虑之海，滔天巨浪将迅速把你淹没……焦虑源自矛盾：一方面，人类不过是一种寻常的生物；另一方面，我们能认识到自己作为生物的局限。我们之所以感到焦虑，是因为我们认识到了生命的真相……我们最后都将成为蛆虫的食物。

社会心理学家罗尼·加诺夫－布尔曼（Ronnie Janoff-Bulman）教授曾提出三条西方人自小形成、根深蒂固的信仰。首先，我们认为世界是友善的。我们常常低估自己遭遇不幸（比如交通事故或疾病）的可能；我们也常常高估自己的好运，认为好事会无缘无故发生在我们身上。我们在每天早晨睁开眼睛的时候，都期待这会是美好的一天，而不是最糟糕的一天。（美国加利福尼亚州的居民就算知道地震等自然灾难随时可能发生，仍然照常出门工作，相信大地一直稳固。）我们知道很多人都会患上心脏病或癌症，但我们总认为自己会是例外。我们之所以会选择现在的生活方式，是因为我们相信自己永远不会遭遇不幸。

其次，我们认为世界上的一切事物都是有意义的，是可控和可预测的，而且也是公平的：好人一定会遇到好事，坏人一定会受到惩罚。如果我们努力工作、做正确的事、吃健康的食物，我们就能活得很好。

最后，我们总喜欢过于乐观地看待自己。我们认为自己是正直而高尚的人，而且理应如此。所以一旦逆境到来，我们头脑中闪过的第一个问题往往是：我什么也没有做错啊，但我为何会招致这般厄运？如果世界是公平的，那么我之所以会遭受厄运，一定是因为我曾经做过什么坏事。

这三条信仰根深蒂固、毋庸置疑，它们构成了我们假设世界的核心——不光对小孩子而言如此，对我们这些成年人来说也一样。但这并不是说，我们认为坏事永远不会发生。我们只是固执地相信，坏事“不大可能”发生在我们自己身上。（心理学家为此曾做过一项实验，要求被试评估自己遭遇消极事件的可能性。被试从始至终都普遍认为，自己遭遇不幸的可能性要低于他人。）用一句话总结来说就是，我们对未来怀有不切实际的乐观愿望，我们认为自己更不容易遭遇危险，我们对可控性和公正性总抱有过高的期望。

然而我们很难察觉自己在这三条信仰之上建立的假设世界。每次我在课上讲到布尔曼教授的理论时，学生们都认为，虽然它可能是对的，但是对他们来说不适用。我们的假设是如此根深蒂固，就算我们“明知”坏事也可能发生在好人身上，也毫不妨碍我们坚信自己的假设，任其影响我们的生活方式。除非亲身遭遇创伤和灾难，否则我们几乎不可能从根本上理解假设的力量。

根深蒂固的假设，就如同建设房屋的脚手架，构建起我们全部生活的框架。布尔曼教授认为，创伤会一举把脚手架拉倒，让我们暴露于残酷的生存真相之前——我们的生命十分脆弱，我们不可能永远活着。因此，创伤可以被称为我们信仰体系的“原子粉碎者”（atom smasher）①。我们曾经认为父母是不可战胜的，我们中的一些人却眼睁睁看着父母被疾病或死亡击垮（比如安东尼·布朗）；我们曾经认为世界是公正的，我们中的一些人却屡屡遭遇不公。正如一位卢旺达大屠杀幸存者所言：“在大屠杀发生之前，我曾经信仰上帝。但在那之后，我再也不相信他了。我认为上帝不过是人类幼稚的幻想。”

生活大厦的脚手架轰然倒下之后，我们就进入霍洛维茨教授所说的“痛哭”阶段。等我们进入到“理解创伤”阶段，就需要给自己重新建立一个假设

① 原子粉碎者是美漫中的超级英雄，以个头巨大、力量强大著称。——译者注

世界。我们对世界的基本假设，其实都是世界的投影——尽管未必真实。在大部分时间里，假设世界对我们来说是有益的。我们在自己的一生中也会不断对其加以修改，但是大多数修改都不大。比方说，如果曾经信任的一位同事令我们感到失望，我们在未来会对他留心警惕。一般来说，这类经验并不会完全扭转我们关于人性善良的假设，我们只需要对假设世界稍加修改，记住“以后不要再信任这个人”就好了。

但是，就好像孩子忽然发现圣诞老人并不存在一样，我们在创伤来袭之时忽然惊觉，我们此刻感知的一切完全不符合之前的假设。对于我们的思想体系来说，这无疑是一个巨大打击：我们所珍视的假设不能再为我们提供帮助，不能再帮助我们理解自己、理解发生之事、理解人生的意义。我们经历的恐惧，我们承受的痛苦，可能是一群人施加给另一群人的。如果说我们之前只不过是不再信任某个不值得信任的人，那么我们现在就是不知道自己究竟能够信任谁。似乎没有一个人是可以信赖的，我们再也不会相信任何人。如果我们被迫面对自然灾难带来的大规模伤亡，我们对人类顽强生命力的假设就会被完全颠覆。正如贝克尔所说：“真实世界太过残忍可怕，没有人愿意接受现实。它会让人觉得自己不过是个渺小的动物，在自然的威力面前浑身发抖。我们也会受伤、会死亡。”

但我们特别需要谨记，创伤并不是客观的外部现象。我们对创伤的定义，来自我们对世界的假设和认知。人与人各不相同；不同的人对同一事件的反应一般也不一样：伦敦居民眼中的威胁，与生活在恒河边的人眼中的威胁不一样；对我来说十分严重之事，对你来说可能未必如此。所以说，创伤事件并不是绝对的：某个事件可能会给一些人带来灾难性的影响，对另一些人来说则未必。创伤对个人的具体影响究竟如何，还要看创伤信息与个人现有精神体系之间的差异有多大。每个人的假设世界就像指纹一样各不相同。也就是说，没有两个人会经历同样的创伤。

重建假设世界

上述理论探究的是创伤对假设世界的影响，它们出现在创伤后成长理论诞生之前。现在，我们可以把这两个概念整合起来，从全新的视角重新理解创伤后成长的过程——当假设世界受到威胁时，我们会激发出一种新的心理认知过程——也就是创伤后心理压力。

大多数心理学家把创伤后心理压力视为某种心理疾病的征兆，但如果我们换个角度来看，创伤后心理压力其实暗示了真实世界与假设世界之间的冲突。这么说来，创伤后心理压力就是我们适应环境的重要环节，而非某种心理疾病的症状。它代表着我们为重新理解和定位自我所做出的努力。如果假说成立，我们就大可将创伤后心理压力视为心理适应过程中一个正常且必需的步骤；而创伤后成长，正是这一心理适应过程在正常情况下会顺理成章达成的目标。

我在第 4 章曾拿树作比喻，现在我要继续借用这个比喻来阐述创伤后成长的概念。树对成长的渴望存在于它的基因之中。人也是如此：人对成长的渴望，根植于我们的本性。美国人本主义心理学家卡尔·罗杰斯（Carl Rogers）曾以自己的一段经历来阐释创伤后成长理论，当时他正在远眺北加利福尼亚州一个岩石嶙峋的海湾。

> 在海湾入口处，有几块巨石露出水面，承受着来自太平洋的洪波巨浪。海浪冲向峭壁高耸的海崖，在巨石上拍碎，激起如山高的浪花。我远远看着海浪在巨石上拍击，忽然惊讶地发现，在那巨石上似乎有什么东西，形状像一棵小棕榈树。它身高不过五六厘米，在巨浪中经受着洗礼。我再次睁大眼睛，发现那其实是某种海草，它有着苗条的“枝干”，顶上还长了几片叶子。我只有在海浪拍击的间歇才能看到它，我努力睁大眼睛，就好像在检验标本。我总以为，这株脆弱、直立、头重脚轻的植物，将被下一波巨浪彻底摧毁。每次海浪扑下，它的躯干几乎贴在石头上，叶子被激流捋成直线。然而等海浪过去之后，它又

重新挺直了躯干，带着力量和韧性……这株像棕榈一样的海草，身上凝结着生命的韧性和生长的冲动，还有在最艰难的环境中依然不辍的求生意志。它不仅立定身形，还能适应环境、开枝散叶，成就独特的自我。

人类也是如此，我们一直在努力适应自己所处的环境。但人对环境的适应，不只是生理上的，还有心理上的——我们需要了解世界的意义。我们总试图以更好的方式来理解世界和事物的意义，尽管我们曾经历创伤，只要我们继续追寻意义，我们在心理上都会有所成长。[①]而创伤为我们带来了进一步成长的可能。创伤激发了我们的本能，督促我们去解决固有假设与创伤事件之间的矛盾。但是我们不是有意识地去解决二者之间的矛盾（虽然我们可能感到有此需要），真正起作用的是我们的潜意识，它与我们的生物基础密不可分。

要理解潜意识如何解决固有假设与创伤信息之间的矛盾，我们首先需要了解一些其他知识。瑞士儿童心理学家让·皮亚杰（Jean Piaget）提出了“同化”（assimilation）与“顺应”（accommodation）这两种认知过程。皮亚杰的大部分研究都与儿童的学习过程有关，但是他提出的这两种认知过程也为我们理解成人的创伤提供了理论指导。皮亚杰使用搭积木作例子：一个小孩刚学会把一块积木放在另一块上，她快乐地摆弄积木，搭起了一座积木塔。这时候她发现了一块磁铁。她从来没有见过磁铁，以为它是另一块积木，于是她把这块“积木”放到高塔顶端。这就是所谓“同化”——儿童通过把旧假设加于新认知之上，来获得新的知识。

但后来这个孩子偶然发现，这块新“积木”可以吸引金属。于是她就换了个方式来玩它。这个过程就是“顺应”——儿童根据新信息对现有假设做出修

① 研究者找到一些在过去一年中曾经历创伤事件的人，和在上一年中没有经验创伤的人，要求他们回忆自己在过去一年中发生的变化。研究者发现，在过去一年中曾经历创伤的人，表现出了更大的心理成长。但就算是没有经历创伤的人，也表现出了一定程度的心理成长。如果把时间跨度定为一年，那么很多人都会表现出一定程度的心理成长——不管他们在此期间是否曾经历创伤。

改。皮亚杰认为，儿童在学习过程中，既需要同化，也需要顺应，而且要在二者之间取得某种平衡。皮亚杰所说的是儿童了解世界的认知过程，但是同样的过程也会在我们成人接收与创伤有关的新信息的时候发生。我们试着通过旧有的认知体系解读新信息，但发现过去的假设已不再适用，我们就需要换个方式来解读新信息。

“同化”过程是把新信息归入我们旧有的认知体系，而“顺应”是修改旧有假设以适应新的信息。只有在“顺应”过程中，我们才会发生创伤后心理成长。创伤后成长要求我们通过同化与顺应去理解创伤。我将通过“碎花瓶理论”来详细解释这个认知过程。

碎花瓶理论

假设在你家桌子上摆着一只珍贵的花瓶，它可能是某位亲朋好友赠送的礼物。然而有一天你不小心把它打落在地。所幸它损坏并不太严重。你很容易就用胶水把碎片粘了回去，花瓶看上去就和以前一样，全然没有破损的痕迹。对于一部分人来说，创伤也是如此。创伤事件虽然会在一定程度上破坏他们的基本假设，但是他们基本的假设世界观维持不变，所以他们要同化创伤经历并不算太困难。

再想象一下，如果花瓶在地上摔得粉碎，碎成了几千几万片。你跑过去捡起地上的碎片，心里难过极了。你要怎样才能把花瓶复原？花瓶已经碎了一地，看来已经没有复原的可能了，但还是有一部分人会试图把它拼回破碎之前的模样。如果他们足够幸运，也许他们真的可以做到，让花瓶看上去跟以前一模一样。但如果凑近了仔细观察，你就能发现：它现在之所以还能维持原来的形态，全仗胶水和胶带之力。如果你再看得仔细一点，你会发现花瓶上的创痕历历在目。虽然它好像已经恢复原貌，但只要再受到些微震动，花瓶就将再次变成碎片。同理，那些在创伤之后试图维持自己原有假设世界的人，常会变得更加脆弱、更有防御心，也更易受到伤害。他们已经严重受损的假设世界将会一次又一次面临破碎的危险。

但是我们也要知道，“同化”并非应对创伤的唯一方式：有人会捡起碎片，用它们创造出新的东西。他们也会因自己珍爱的花瓶被摔得粉碎而深感悲伤，但是选择接受现实。他们知道，它再也不可能恢复到曾经的模样了。现在他们要思考的问题是，该拿这些碎片怎么办？或许他们会把这些色彩缤纷的碎片拼成一幅马赛克镶嵌画，以新颖而别有意义的方式来保存他们的记忆——这就是“顺应”的本质。

碎花瓶理论的核心在于，人类天生就是有能动性且趋向于成长的生物，我们天生就能调节自己的心理体验，维持自我认知的统一，以现实的眼光看待世界。但是要抛却过去对自己的看法和对世界的认识，无论对谁来说都是特别痛苦的事：这就是为什么我们会试图通过“同化”来保护自己，保护我们的固有世界观。但这样做的结果往往会加重防御心理，让我们更脆弱也更易受到伤害。“顺应”与“同化”这两股力量形成一种矛盾的张力，其互动结果将决定我们未来的心理状况。

我们要想真正摆脱逆境的阴霾，就必须直面现实，接收新信息，修改固有的认知体系。碎花瓶的比喻展示了顺应与同化的两种极端情况。这个比喻虽然有助于对概念的理解，但在现实生活中，我们在创伤后究竟如何成长，还要看我们是否能在顺应与同化之间找到平衡。我们必须缓和防御性愿望与本能的成长愿望之间的矛盾。前者要求我们同化新信息，保护旧有的世界观；而后者要求我们学习新的信息，对旧有世界观做出调整。我们要想从创伤中康复，必须采用“顺应”策略，但是我们在现实生活中往往会选择“同化”。

为了避免同化和顺应僵持不下，我们应该主动回溯记忆。创伤事件幸存者需要了解，要想抚平创伤，他们必须做出一定程度的“顺应”，尽管他们会因被迫抛弃旧有世界观和自我认知而感到痛苦。他们如果能放下过去的依恋、喜好、信念和习惯，就会在同化和顺应之间找到平衡。

认知同化

我们在经历创伤事件之后，会试图解决新认知与旧假设之间的冲突。这会给我们的心理认知过程带来重大的影响。我们常常在同化与顺应之间来回摆动，而这正是我们在创伤之后试图重建认知的表现。心理认知进行的速度和所能达到的深度，受到多种不同因素影响。重要的是，我们需要把不可控的入侵性思考，变成积极改变的驱动力。这就要求我们对自己的创伤经历进行“反刍”（rumination），把与创伤有关的想法、影像和其他新信息都置于自主控制之下，当作有意识地进行认知的主体目标。

“反刍”的方法有两种，一种是反省式反刍，另一种是自责式反刍。“反省式反刍”（reflective rumination）指的是有意识地以内省的方式解决问题和修复情感，是一种适应性的认知过程；而“自责式反刍”（brooding rumination）相反，不具备适应性。研究发现，个人思考的质量会对我们的认知过程产生特别重要的影响。如果一个人反省式反刍的频率远远大于自责式反刍，他就是在积极寻求解决之道，寻找生命的意义，重新定义和改写自己的人生。在反省式反刍的过程中，我们需要通过“顺应”来积极寻找理解世界的新视角。

遭受创伤之后，我们都必须有意识地去解决认知系统与新信息之间的矛盾，成功与否将决定我们未来的人生走向。这个认知过程必然无比艰难，充满痛苦，但是过后我们就能够以相对平和之心去回忆、思考和谈论曾经发生的事，而不致为负面情绪淹没。

我们的大脑经过数百万年的演化，已经具备了一种根据经验进行自我塑造的能力。我们在经历创伤之后重新绘制心灵地图，以“顺应”新的信息。创伤后成长正来自于此。要想抚平创伤，我们需要将新获得的关于世界的信息加入到自己的心灵地图之中。因此，成功应对逆境的关键，是我们必须修改或重建自己的精神框架。“顺应”同时也要求我们放弃过去的假设，这必然会使人痛苦而沮丧。如果割舍过去的信念和假设，我们还能剩下什么？我们自己又是谁？这样来看，“顺应”意味着“旧我”的死去。那么毫无疑问，在必须做出改变之时，我们一定会本能地死死抓住过去不放。不管要面对多么不可思议的情形，我们也一定要以“同化”去理解新的认知。

心理学家发现，我们往往会选择“同化”认知，从而保护旧有的世界观。这个现象被称为“认知保护”（cognitive conservatism）。我们会竭力寻找符合旧认知的信息，忽略、抗拒甚至篡改那些与认知不符的东西。一个典型的例子是，儿童就算发现父母藏在床下的圣诞礼物，也不会因此否认圣诞老人的存在。正如奥尔特加（Ortega）所写：

> 生活陷入一片混乱，人也迷失了自我。他知道这一点，但是他太害怕了，不敢直面这一团糟的真相，只能一次又一次地拿幻想来替代真实。在幻想的世界里，一切都井然有序、清晰明确。“幻想世界”虽然并不真实，但他毫不为此担心。他把它当作求生的战壕，以对抗“真实存在”；他把它当作田野里的稻草人，试图把真相吓走。

“同化”的形式多种多样：我们可能会试着忘记发生的所有事，让自己陷入回避一切的境地——这对我们毫无帮助。又或者，我们可能会试图拒绝或篡改过去的记忆。人们常通过自责来保护摇摇欲坠但是敝帚自珍的世界观——那是他们关于可控性、可预见性和公正的幻想，从而可以继续维持信念。（这种逻辑是，如果把一切都归罪于自己，那么我本应能阻止创伤事件发生；如果创伤事件可以被阻止，那么世界在我眼里依然是可控的；如果我现在承受痛苦是因为我个人的错误，那么世界在我看来就依然是公正的。）有时候，创伤事件也会威胁到人们对自我价值的认知。很多人在面对这种境况时往往会责怪他人。和责怪自己一样，责怪他人也能让他们觉得依旧可以掌控自己的命运，世界也公正如昔。通过责怪他人，他们还能保护自己那可怜的自尊。（如果能够归罪于他人，我就没有犯错，我的自尊心也就得到了保护。）我们如果采取了这些“同化”策略，就得付出代价：不恰当的责怪，往往具有很大的杀伤力。

我们都认识那么几个人，他们不能听真话，对一切与他们自我认知和世界观不符的信息都充耳不闻。想想你在工作上遇到的不愿承担责任的同事吧！一旦出现麻烦，他就把自己的责任撇得一干二净。不仅如此，他很可能还会掉过头来攻击别人，以保护脆弱的自我。坦率来说，在某种程度上，我们都是这样的人，至少有时候是如此。这是我们的本性，也很好理解：它反映了我们试图以同化来认知经验的过程（也就是试图把碎掉的花瓶拼回原样）。但是，这么做最终会伤害到我们自己。

人类都不愿对自己的精神世界加以斧凿。在这种情况下，我们都是保守的，试图以既有的精神模式去理解新的经验，紧紧抓住旧模式不放，试图“同化”新信息，而非用“顺应”来适应新信息。创伤只不过是把这一认知过程放大了。创伤会给我们带来更多的新信息，让我们难以忽略——如果想忽略，我们就得加倍努力。

创伤幸存者在尝试“同化”信息的时候，也会变得越来越有防御性，看上去也更加脆弱。他们的内心世界如同那个被粘回原样的碎花瓶，涂满胶水、缠满胶带，也更容易碎裂，更容易为新的创伤击垮。“同化”创伤就好比跟大象拔河，我们永远不可能取得胜利。

创伤向我们的价值体系发起挑战。它让我们直面生命存在的真相，把我们旧有的价值观击得粉碎。我们越是试图抓住自己的假设世界，就越发无法接受真相。我们必须要“顺应”我们了解的真相，修改我们的假设世界。我们需要明白，坏事确实会发生在好人身上。在生命中的某个时刻，大多数人都将被迫重新审视自己的认知体系，了解到生命的无常、随机和危险。采取“顺应”策略的创伤幸存者在谈及往事时，和采取“同化”策略的人截然不同。他们会强调自己为重新理解创伤经历而做出的努力，从更广阔的视角来看待自己的人生。他们不仅会谈到个人转变的积极面，也会谈到消极面。

“顺应”旨在修改我们的假设世界，从而更加贴近真实。但是也有人做得太过火了。“顺应”虽然是创伤后成长的必要条件，但如果创伤受害者调节过度，把旧有的假设世界全然抛弃，也可能给自己带来危险。人在受到伤害之后，一定会从经验中学到点什么——比如说，应该避免去某些地方，避免接触某些危险人物。而调节过度的人认为，没有任何地方是安全的，所有人都很危险。从短期来看，这种矫枉过正的努力也许不失为一种行之有效的自我保护机制，使人有足够的时间去处理创伤信息。但从长期来看，它缺乏适应性。

要想度过创伤时期，我们需要在同化和顺应之间取得某种适合自己的平衡。正因如此，创伤后成长在不同人身上的表现不尽相同。不仅人与人之间存在差异，文化和文化之间也有所不同——归根结底，要看创伤幸存者在事件发生之前怀有何种假设。如果以前太容易轻信他人，他在经过“顺应”之后就会减少轻信。如果以前不大容易信任他人，他可能会因为创伤后成长而更相信他人。这两种当事人的假设世界都得到了重新校准，变得更加靠近真实世界。也就是说，“顺应”既可以是积极的，也可以是消极的，还可以在积极与消极之间达到某种平衡——这才是最常见的情况。

无论是同化还是顺应过程，都会给我们带来不小的麻烦。我们常会竭尽所能以自己的经验来理解世界，一方面想要保留固有的认知体系，另一方面又想要更真实地认识世界和自己。要满足这两种愿望，我们就需要在同化与顺应间取得适当的平衡，这是提升心理幸福感的必经之路——我们将更加自主，对周围环境产生更大的掌控感；我们会找到生命的意义，和他人建立积极而亲密的关系；我们将接受自我，并寻求更多的个人成长。

人类总是尽其所能去提升心理幸福感，这是心理学史上最重要的哲学思考之一。卡尔·罗杰斯讲述的关于海浪与海草的故事，是用海草作为例子来阐述这样的观念：人拥有某种出于本能的内在冲动——他称之为“实现趋向”（actualising tendency）。

人类趋向于充分发掘自己的潜能，这是新的创伤后成长理论的核心思想。但有一点还未能得到解释：为什么有些人的成长会比别人更大？这就需要我们把创伤后成长理论做进一步的拓展。

正如人有发掘自己全部潜能的渴望，一颗橡子也有长成橡树的自然天性。但它究竟能否长成高大茂盛的橡树，还取决于阳光、水分和营养。无论缺乏哪一个条件，它都无法维持机体的平衡，要么患病，要么死亡。它作为橡树的潜能因此并不能被完全发掘出来。人也是如此。人有成长和发展的愿望，总想要尽其所能达到最大的心理满足（心理幸福感），但这只有在基本需求得到满足之后才有可能发生。

美国社会心理学家理查德·莱恩（Richard Ryan）和爱德华·德西（Edward Dcci）提出了“自我决定论”（self-determination theory）。他们对人类趋向于心理幸福的理论做了新的阐释。自我决定论强调个人内在力量对人格发展的重要作用。它把人视为一种有积极成长需求的生物体，一旦基本需要获得满足，就能自然维持成长的状态。这些基本需要包括：自主需要（autonomy）、能力需要（competence）和归属需要（relatedness）。

我认为，自我决定论同样适用于创伤后成长。也就是说，要发生创伤后成长，人也得满足其最基本的心理需求，在此基础上才能启动“顺应”的认知过程。人的基本心理需要获得满足之后，创伤后成长也将随之发生。这个理论现在也有了证据的支持。在一项研究中，心理学家找到一些在童年时期曾遭受虐待的人。研究者问，他们在生命中遇到了什么样的转折点，帮助他们应对自己过去的遭遇？参与者提供的答案主要集中于以下几点：真正为人接受或接受自我，感到为人所爱和用心照料，产生了某种归属感，和他人建立起亲密的联系——正是这些经历，满足了他们最基本的心理需求。

以其中一个男人为例，他因为妻子和孩子的帮助而得到拯救——他们接受了真正的他，用爱治愈了他的心伤。他说：

> 过去我很害怕，也非常孤独……我在内心筑起3米厚的水泥墙拒人于外，让人无法靠近，更无法伤害我……我曾经对一位朋友说："我童年遭受过虐待。"我以为她会从此远离我，但她没有……她接受了我的一切，并没有因此离开。因为她，我终于能够再次信任人，再次爱别人了。她就是我生命中缺失的那一环。

部分参与者表示，他们感到自己获得了自由和解放。对于凯西来说，自由的方式是原谅："以前，恨意如熊熊烈火般煎熬着我的内心，我一直渴望复仇……后来我逐渐认识到，如果想要获得自由，我需要原谅我的父母……这是一记当头棒喝。在我的生命中，没有任何经历能像它一样，对我的人生造成如此之大的影响。"

还有人谈到，他们获得了某种成就感和掌控感。比如，苏珊在数学测试中拿到了最高分。"我回到学校，想要拿到数学的'普通中等教育证书'（GCSE）[①]……这是我反抗父母、前夫和其他虐待我的人的方式……现在我感到自己已经战胜世界，赢得了胜利。再也没有任何羞辱和欺凌能影响到我！"

请记住这一点相当重要：人要想获得成长，必须首先满足自己的基本心理需求，包括自主需要、能力需要和归属需要。这些因素会加强并促进我们追求心理幸福的自然倾向。最新的支持证据来自意大利心理学家玛塔·斯科里那罗

① GCSE是英国等国的中学教育制度，课程时间为两年，科目包括数学、英语、计算机等。GCSE证书是学生修读高级中学课程和大学课程的前提。——译者注

（Marta Scrignaro）和她的同事。玛塔等人采访了 41 位癌症患者，询问同样的问题：他们得到的社会支持，是否能满足他们的自主需要、能力需要和归属需要？6 个月后，研究者测量了他们的创伤后成长。数据显示，那些从亲友处获得了更多支持、基本心理需要得到满足的患者，也获得了更大的成长。

创伤后成长就是积极改变的过程

人生来就有抚平创伤的愿望，因此他们力图解决既有的假设世界与创伤带来的新信息之间的矛盾。我们甚至可以进一步做出推测：这个认知过程的终极目标，就是提升个人的心理幸福感。所以简单来说，创伤后成长其实是一种修复创伤的自然的认知过程。然而，这趟旅程却并不轻松，而是十分痛苦和漫长的。

我想要特别强调的是，创伤后成长应被视为我们发生改变的过程，而非改变的结果。从演化心理学角度来看，人类需要理解他们周围的世界，并且尽最大努力调整自身以适应环境，从而谋求生存。所以我们说，人有内在的想要理解世界的冲动，人会将个人自主性和对周遭环境的控制感最大化；人会积极找寻生命的意义，与他人建立良好的亲密关系，接受自我，并追求进一步的个人成长……这些推断都具有合理性。这些特质曾经给我们的祖先带来相当大的益处，帮助他们成为“积极成长”之人。

获得心理幸福感是我们解决创伤的最终目标，也是后者自然而然的方向——尽管通往心理幸福的创伤康复之途道阻且长，而且不管我们如何努力前行，前途都看似遥遥无期。我们也不会找到一条终点线，让我们知道自己已经获得了最大程度的成长。成长是我们持续一生的事业。随着时间推移，我们总会和过去的自己有所不同。我们也都知道，自己永远可以成为更好的人，永远有成长的可能。所以，如果我们说人在创伤后有所成长，是指他们现在的心理幸福水平要高于过去，而不是说他们到达了某个既定的界限。

人在创伤后成长的表现之一是会重新确立自己的价值观，重新确定事物在自己心中的地位。人们会重新审视内心，了解什么对自己来说是真正重要之事。他们在创伤带来的生命转折点上忽然省悟，自己过去一直在按别人的要求和社会的期望生活，而忽略了自己内心的真正渴求。创伤会让人不再像过去一样在意别人的想法，不管别人会如何看待他们的成功或失败。他们将不再过多关注自己展现给外界的那一面，因为他们认识到，对于自己的人生来说，真正重要的只有自己的看法。当我们还是小孩子时，我们会从周围人那里学到什么重要，什么不重要。

简告诉我：小时候她受到父母潜移默化的影响，以为自己要想得到父母关爱，就必须在学校里拿到好成绩。其实这并不是她父母想要表达的意思。他们只不过是关心她的未来，认为好成绩会给她带来更好的机遇，让她有更好的选择。她是个文静、内省的姑娘，想要从事艺术和有创造性的工作。她也和其他孩子一样，想获得父母的关爱。她很快发现，如果她拿到好成绩的话，父母会对她大加表扬，而且会更喜欢她。她内化了父母传达的信息，将父母的期望当成自己的期望，把自己真正喜爱的艺术和有创造性的工作撇到一旁，只在乎自己在课程科目上是否表现良好。后来她的父亲不幸去世。在父亲去世后的头几年，简全身心投入学业，试图修复创伤，重新掌控生活——可是在她眼里，生活已变得充满不确定性，她的人生似乎摇摇欲坠。

多年以后，长大成人的简已经成为一名相当成功的律师。她不再需要靠努力表现去讨得父母的欢心。但是父母传递给她的对事业成功的渴望，已经深深植入了她的内心，她把它当作自己生命的一部分。尽管如此，她仍然常会感到不适，仿佛自己选错了路。后来，简不幸患上癌症。在和乳腺癌斗争的过程中，她开始反思过去，聆听自己内心的声音。究竟什么才是真正重要之事？她逐渐认识到，她现在看重的东西，并非出于自己本来的心意，而是源于小时候父母向她传达的信息。成年之后，她努力按照自己在童年时代接受的价值观生活。虽然在事业上取得了不小的成功，她对自己的生活仍然感到不满意。她常常迁怒于周围的人，而且极易消沉。乳腺癌让她得以主动审视自己的假设世界，她开始怀疑过去的价值观，也获得了周围亲友的支持。她的自主需要、能力需要和归属需要都得到满足。她逐渐认识到，对自己来说最重要的东西，在童年时代就被她搁置一旁：那就是她自由表达的渴望，是她的创造力。反观过去，她回想起自己在绘画时感受到的满足和愉悦。她开始试着改变自己的工作模式，以满足自己表达创造力的渴望。她也改变了自己的生活方式，努力成为自己想要成为的人，而不是遵循自己过去数十年的习惯去生活。

在成长过程中，大多数人都会将周围人的假设内化为自己的想法。帮助人们深入发掘自己在童年时代的愿望，正是心理治疗的目标之一。心理治疗师要帮助人们重新发现童年时的期望，有时候就得这样指导他们："现在请闭上你的眼睛，想象你小时候住的房子，想象你是一个小孩子。你正站在大门前。门打开了。你走进了小时候的家。你的父亲正站在那里。他转向你，对你说'不管你以后做什么，你都必须……'，然后接上任何你想到的话。"之后，求询者们会被要求再次想象同样的场景，不过这次是由母亲发问。这个方法能帮助人们发现，他们童年时代的保护人对他们尚处于形成阶段的价值观造成怎样的影响。人们常常会在"你都必须"后面接上"努力工作,取得成功"、"对人友善"、"照人吩咐去做"、"作祈祷"和"藏起泪水"。很多人在完成这番练习之后，都对它揭露的事实感到惊讶。

我们在童年时期被灌输的价值观已经深深植入内心，化为我们自己的一部分，所以很难认识到它们对自己的重要影响。在单调乏味的生活中，我们有时可能会感到有哪里不对，但很少会去质疑自己已有的价值观、信仰和对重要事物的看法。这些东西早已经成为我们生活的方式，成为我们不可分割的一部分，也正是创伤冲击的目标。

创伤强迫我们反思自己的价值观、内在动机和对重要之事的看法。我们在反思之后，往往会摒弃旧观念，产生新的价值观和内在动机，对事物孰重孰轻也会有新的看法。从这种意义上说，创伤后成长与佛教的观念不无相近之处：人在经过艰难困顿之后，会更有勇气面对新的难题。他们会从痛苦中学得生存之道。

> 乔达摩·悉达多王子生而拥有优渥的生活，成长过程中一直为欢愉环绕，从未见识过痛苦。他在16岁的时候迎娶了一位美丽的公主，他们一起在他舒适而奢华的宫殿中生活。这位年轻的王子在29岁时外出巡游，在旅途中第一次见到了常人的苦难——衰老、疾病和死亡。他首先遇到一位一生劳碌、生命即将耗尽的老人；然后，他遇到一个身患重病、奄奄一息的男子；后来他看到一具被送葬人环绕的遗体。最后，他遇到一位修行者。在修行者的指点下，他终于认识到，衰老、疾病和死亡，都是生命中无可逃避之事——对于那些活得最快乐、生活最富足的人来说也一样。
>
> 人为何会遭受苦难？乔达摩知道他不能再回到宫殿，因为那样他就永远也无法找到答案。于是乔达摩离开自己的王国，花了6年时间追随修行者学习，但他发现自己仍然无法回答自己的疑问。后来，他坐在一棵菩提树下，不吃不喝，静心冥想，发誓若不悟道永不起身。35岁的时候，他在经过深刻的冥想之后终于悟道，成为佛陀。

“佛陀”并不是一个人的名字，它在梵文里字面上的意思是“觉悟之人”。佛陀说，他也不过是一个凡人，只不过对人类的存在有了更为深刻的理解。他在开悟后的45年中，一直努力向世人传授此道。他从一个城镇走到另一个城镇，几乎走遍了印度，直到80岁时圆寂。

这样来看，创伤其实是开启了我们内在的“佛陀”的本性。它让我们认识到人之存在的终极意义。佛教认为，万事万物的存在都处于不断变化之中，痛苦也不可避免。和后来成为佛陀的乔达摩王子一样，创伤会让人踏上寻找结束痛苦之法的旅程。为什么我们要经历苦难？我们会在旅途中找到自己的答案。下一章将要讨论，人在这趟探索之旅中会采取哪些应对痛苦之法，而这些方法又会给我们的创伤后成长进程带来怎样的影响。

真正的治愈来自自己的给予

创伤后成长之路

我们都有自己应对心理压力的独门绝技。假设你在工作上遇到了困难：那是繁忙的一天，你的压力很大，生怕自己赶不上任务的限期，和你同一团队的同事脾气也越来越差。如果这次你搞砸了，就等于亲手毁掉了自己在公司的前途。那么，你会怎么做？你会不会站在旁观者的角度，冷静分析下一步的行动？你会不会向同事寻求建议？你会不会收集更多信息，然后才做出明智的决策？你会不会走出办公室，去呼吸一点新鲜空气，顺便考虑一下从别的角度看问题？你会不会在晚上喝点小酒，放松一下？你会不会看一档你最喜爱的电视节目，把烦恼都抛到脑后？

这些都是我们可能采取的应对压力的方法。从广义上说，“应对压力”指的是人在压力情境中可能采取的一切行为，以及可能产生的一切想法。心理学家曾经尝试解读人们应对压力的不同方式。向他人寻求建议、收集信息、出门散步、喝酒和看电视……人在面对创伤情景时选择的应对方法多种多样，绝不仅限于我提到的这几条。至于人们的应对措施是否真的能减小压力，则取决于当事人想要达到的目标究竟是什么。

概括来说，应对压力的方法可以被分为两种：一种是“趋近性应对策略”（approach-orientated）——当事人将注意力集中于外部情境的变化，努力控制自己的情绪；另一种是“回避性应对策略”（avoidance-orientated）——当事人刻意回避外部事实，无视自己的情绪。

回避性应对策略

人在经受心理压力或者创伤之后如何应对？这已经成为过去30年中心理学界研究最广泛的问题之一。到目前为止，心理学家发现的最普遍规律是：回避性应对策略的害处最大。经过前面几章的讨论我们已经知道，人在面对心理压力时有趋向逃避的本能。让我们再看一看维罗妮卡的例子吧！

圣诞节前，维罗妮卡购物归来，正开车走在回家的路上。她的女儿露丝坐在她旁边的副驾驶位。她们一路欢声笑语，车里还放着露丝一张CD的音乐。在她们前面好端端行驶的汽车忽然翻车。维罗妮卡感觉自己就好像在看电影的慢镜头一样，眼睁睁看着那辆车滚向路边、冲上围栏、车顶着地、完全翻转。维罗妮卡来不及踩刹车。她没能及时把车停下，她的车如出膛的子弹一般撞上那辆车的尾部。她说，从事件发生到人们聚集在车子周围，时间好像无限漫长，但其实只有几分钟。她一直晕晕乎乎的，头脑中一片空白，只听到有人问她怎么样，还能不能动。她看见女儿露丝撞在玻璃上，玻璃已经碎了一地。到处都是血迹，到处都是玻璃的碎片。

两天之后，露丝在医院死去，维罗妮卡和丈夫大卫一直陪护在旁。他们深深陷入悲痛之中。几天过去了，几个月过去了，维罗妮卡的心理压力越来越大。她一遍又一遍回忆当时的情景。每一个白天和黑夜她都无法安然度过。她不断回溯，因为她自己正是当时开车带女儿走向死亡的人。她不断用“如果”来折磨自己：如果她当时开慢点，如果她更集中注意力，如果她们在离开商场前没有去咖啡店里坐一下而是直接回家，也许悲剧就不会发生……

很多人在经历创伤之后都会不断如此自问。但是，如果他们被侵入性的自责式反刍纠缠，就会变得更加消沉。因此，人们常会采用回避性策略，试图避免因为反刍而产生负面情绪。在接下来的两个月里，维罗妮卡完全投入到工作之中，以此来暂时逃避痛苦。在白天的时候，她把全部注意力都放在了繁忙的会议和大大小小的工作事务上，这让她能在无尽的痛苦中喘一口气。

事实上，适当的回避不无积极效果。它如同一层保护罩，在我们做好面对创伤经历的心理准备之前保护我们的精神世界。美国斯坦福大学的研究者发现，在“9·11”事件过去后的第一个月里更常采用回避策略的人，表现出更高水平的成长。但是在几个月后，表现出更大成长的往往是那些采取其他应对策略的人，他们更倾向于接受事实，积极重建假设世界。研究者因此得出结论：虽然从长期来看，回避似乎不能带来成长，但我们应把心理回避和生理回避区别对待。人们已经知道，回避或否认的态度，代表当事人无法理解发生的事件。他们虽然知道事件已经真实发生，但他们会说“我真不能相信”或者“那不可能是真的”。研究者推测，这类回避行为如果限制在某种范围之内也许对心理健康有益，因为它能帮助人们调节心理康复的节奏，让他们准备好以后再面对事件的真相，从而降低心理崩溃的可能性。著名的美国心理学家、临终关怀先驱伊丽莎白·库伯勒-罗斯（Elisabeth Kubler-Ross）和戴维·凯斯勒（David Kessler）这样说：“我们在属于自己的时间、以自己的方式体验失去的痛苦。我们拥有无上的恩典，那就是我们可以选择拒绝，等到适当的时候再来梳理自己的感情。”

如前所述，回避行为也可能给我们提供帮助。我们不妨以癌症患者为例。患者拒绝思考可能的后果（比如死亡）有其特殊的适应性，因为它能让人采取更积极的行动，比如寻找治疗方法。但是人如果一味回避得了癌症的事实，就好像它不存在一样继续过日子，也会给自己带来不利影响，比如他会因此而不愿寻求治疗。

从另一方面来看，如果人们在很长时间里都靠回避来缓解压力，他们面临的问题也越积越多。维罗妮卡和大卫就是如此。大卫日渐感到他们的生活分崩离析，因为她每天都要工作到很晚。而维罗妮卡无法和丈夫交流她的感受。沉重的心理压力折磨着她，她不知道该怎么办。她避免接触任何能令她回忆起那次事故的东西。她无法告诉别人自己满怀罪恶与愧疚——她用尽一切努力，试图把自己的感受掩藏起来。随着时间流逝，她和丈夫的关系变得越来越紧张。维罗妮卡搬到另一个房间去睡觉，大卫也不知道她陷于回避的痛苦状态。他恳求妻子跟自己说话，他想要了解她的想法。但是他不知道，自己也是维罗妮卡试图回避的应激源之一。他的存在让她不断回想起女儿横死的悲惨往事。他问得越多，维罗妮卡就退得越远，直到完全封闭了自己的世界。

每天晚上她都会反刍。她开始靠酒精来麻痹自己的神经，给自己灌上两三杯葡萄酒，而以前她最多只喝一杯。她常常处于情绪崩溃的边缘，状态很不稳定，甚至痛哭失声。几个月下来，大卫已经筋疲力竭。他不能理解维罗妮卡为什么要这么做，也不明白她为什么就是不肯跟他说话。后来他们分居了，最终大卫提出离婚。对于维罗妮卡和大卫来说，这一切的起因是女儿的意外死亡。但是，他们处理问题的方式（维罗妮卡的一味回避，而大卫也不能理解维罗妮卡承受的心理压力），才是导致他们感情生疏、婚姻破裂的原因。

如果维罗妮卡能早一点直面自己的情感，用“反省式反刍”来替代“自责式反刍”，如果大卫能对维罗妮卡的回避行为表现出更多的理解，也许两人的局面就会和现在不同。维罗妮卡和大卫都对创伤后成长一无所知，更不知道如何使心理成长。他们所做的一切努力，除了徒增心理压力之外，没有任何结果。

像他们这样的故事并不少见。我们若一味回避，就无法处理自己的问题，清理自己的情绪障碍。维罗妮卡的故事告诉我们，长期持续性的回避行为会造成恶性循环，让人在糟糕的情绪中泥足深陷。回避行为是我们通往精神康复的最大路障，它必将阻碍创伤后成长的进程，尽管回避是人在创伤之后常有的反应。

如果当事人不仅背负了极大的心理压力，而且还感到当前的状况无法控制也无可改变，无论做什么都无济于事，他们就更有可能用回避策略来应对压力。创伤如一把尖刀，剥开我们的保护外壳，揭露出我们生而为人的残酷真相：生命无比脆弱，死亡随时都可能到来。创伤把我们的本性完全暴露在自己面前，我们不只看到自己的长处，更能看到自己的局限。也许这会让许多人惊惧，他们不愿勇敢面对，还会试图同化新的信息。创伤把真相呈现于我们面前，但我们应对真相的方式往往是逃避。

趋近性应对策略

逃避并不能解决问题，反而可能让问题更加严重。人会竭力避免可能给自己带来心理压力的事物，麻痹自己的精神，以期从痛苦中获得暂时的解脱。这是我们都会做的事。但如果深陷“回避”的牢笼，我们就更不可能治愈创伤。这时候，我们必须转变策略，由“回避”转向“趋近”。趋近性策略包括直面事实、处理情绪以及换个方法来处理糟糕的境况。

趋近性应对策略又可分为两类，侧重点各有不同，一个关注于“任务”，另一个关注于“情感”。“关注于任务的应对策略”（task-focused coping）是指人在创伤之后采取实际行动解决问题。“关注于情感的应对策略”（emotion-focused coping）指的则是能协助我们处理和控制心理压力的策略。

关注于任务

迈克尔·帕特森（Michael Paterson）就深谙趋近策略。他是一名北爱尔兰警察。在新婚后三个星期的一天早上，他前往贝尔法斯特市的一个高犯罪风险区执勤。当时他正坐在前排副驾驶座上，忽然爱尔兰共和军的火箭炮击中了他的路虎车，枪声随之响起。迈克尔身受重伤，命悬一线，被紧急送入医院抢救，随后转入重症监护室。他最终活了下来，但是他的右臂从肘关节上截肢，左下臂也被完全截去。

25年后，我和迈克尔坐在贝尔法斯特市大学城的一间咖啡馆里。我们周围都是些年轻的学生，他们有的懒洋洋地躺在沙发上，有的在用电脑写论文，有的在跟朋友闲聊，有的在喝卡布奇诺或拿铁。现在贝尔法斯特市年轻人的生活，与几十年前我跟迈克尔年轻的时候大相径庭。现在，这座城市夜晚灯光充足，夜生活更是丰富多彩。虽然它仍然常常见不到蓝天，但是我和迈克尔都满怀喜悦：北爱尔兰那段政局动乱、暴力频仍的黑暗岁月，已经成为往事。

迈克尔仍然记得1981年的情形。当时他躺在重症监护室里，知道自己已经失去了双臂，但他没有一味伤怀，反而开始想象如何用假肢来开车。他知道，总有一天他能够再次开车上路。他也采取了同样的应对策略重整一片狼藉的生活和精神。离开重症监护室后，他开始接受物理治疗。那时候他就打定主意，要重新过上正常人的生活。他开始进行“循环训练”（circuit training），尝试通过游泳来锻炼肌肉。他还定期去拜访一位心理学家，后者为他提供了进一步的心理支援。

迈克尔在遭遇横祸之后，通过“关注于任务的应对策略”重建了生活。研究此种策略的学者通过调查问卷来对人们进行评估。他们的问题包括："我尝试集中精力，努力改变境况""我努力思考下一步的计划""我试着向他人寻求建议"。要特别强调的是，使用关注于任务的应对策略的人，通常也会发生更大的创伤后成长。

人们对自己境况的认知各不相同，也会相应地采取不同策略。有人认为，如果不做点什么的话，他们糟糕的境况就永远不会改变。所以他们会迫切地寻求变化，想要重新找回对生命的掌控感——这些人很可能会选择关注于任务的应对策略。也有些人认为，无论他们做什么，情况都无从改变——这些人更倾向于选择以逃避来应对心理危机。在我们判断自己的境况时，个人性格会起到很大作用，有人习惯于选择回避，有人则更愿意向困难迎头挺进，直面问题所在。

关注于情感

人在经历创伤之后，往往会向他人寻求帮助。这种习惯性行为也许是生物演化赋予我们的另一个礼物：我们一旦受伤，就会退回社群的羽翼之下寻求保护。除此之外，我们也有向人倾诉的需要。美国心理学家威廉·斯泰尔斯（William Stiles）认为，我们在承受极大的心理压力时，往往会想要对他人倾诉。这种需要是一种自然的本能，就像伤病感染会引发高烧一样。这是我们的心理进行自我修复的方式。

社会支持的作用不可小觑——不管这支持是来自家人、朋友还是专业人士。社会支持既可以为我们带来实际帮助，也可以提供情感支援。这正是压力沉重的人所需要的。每一个创伤事件幸存者都需要找到一位能专心听他说话的人。这个人还要能为他提供恰当的建议，在需要的时候快速伸出援手提供实际的帮助——最重要的是，这个人要能够满足他三个方面的基本心理需求。

与支持自己的人谈论创伤经历，可以帮助我们把悲伤变为创伤后成长的动力。就像手可以把橡皮泥捏成各种各样的形状，交谈也能改变我们对自己经验的认知。我们可以通过交谈以更客观的眼光来看待事物，发现新的视角，修正错误的看法，产生新的理解。社会支持能给人带来巨大的积极影响。社会支持水平较高的人（可以倾听他们诉说、为他们提供支援的人较多），更可能发生成长。社会支持的最大作用，是鼓舞当事人重新为自己的生活负起责任。

虽然我们常说，几乎任何一种社会支持都能给我们带来帮助，但是不管亲朋好友的初衷是多么好，如果他们采用了错误的方法，那么他们不仅不能提供帮助，反而会对当事人产生糟糕的影响。有时候我们只想要一个好听众，他们却老是给我们提建议；有时候我们只想安静地坐着，他们却在一旁鼓动我们说话；有时候我们只想痛哭一场，他们却试图让我们不要哭；有时候我们只想被人理解，他们却总让我们觉得自己做错了事……这些所谓的“社会支持”，都不大可能帮助我们在创伤之后成长起来。

所以，社会支持也可能成为创伤后成长之路上的障碍，阻止我们采取积极行动治疗创伤。比如说，有研究发现，在感染 HIV 的男性中，有伴侣的感染者比没有伴侣的感染者更难接受事实或者适应新情况。研究者认为，其中原因可能是伴侣会增强他们的依赖性，让他们一直觉得自己是“生病的那个”。这会导致他们的社会功能变得更差，身体健康状况也变得更糟糕。

向他人寻求社会支持相当重要，这就是之前提到的“关注于情感的应对策略”。当我们需要改变境况时，能否采取“关注于任务的应对策略”就变得十分关键。而当我们完全被压力吞噬时，我们需要采取“关注于情感的应对策略”，因为它能帮助我们控制情绪。有许多关注于情感的应对策略都很好，比如进行锻炼、尝试放松、和他人谈论现状以及关注生活的积极面——那些生活中我们特别喜爱的事物。研究显示，我们有意识地进行此类思考，也能帮助自己应对压力。更热爱生活的人也会采取更多有适应性的应对策略。寻找生活中的积极面，能让我们重拾对周围环境的掌控感，帮助我们重新建立自尊、对未来重怀期盼。

迈克尔告诉我，他在英国飞行员道格拉斯·巴德（Douglas Baader）的自传《翱翔蓝天》（*Reach for the Sky*）里重新看到了希望。巴德年轻时在一次飞行事故中失去了双腿，但他下定决心要用假肢再次走路。经过一次又一次坚韧不拔的尝试，他终于学会独立行走。他并没有止步于此。他的故事之所以鼓舞人心，是因为他对飞行有无比的向往：他想要再一次翱翔于蓝天之上。经过不懈努力，巴德最终在第二次世界大战时成为英国皇家空军（RAF）的一名顶级战斗机飞行员。他是迈克尔的偶像。

迈克尔把关注于任务和关注于情感的应对策略结合在一起，帮助自己应对身体的残疾，更积极地面对未来的人生。现在，迈克尔已经拿到了心理学博士学位，成为一位临床心理学家。他在贝尔法斯特市风景优美的郊外开设了一家心理诊所，专门帮助经历创伤之人恢复心理健康。几年前，他被英国政府授予大英帝国勋章，以表彰他为临床创伤治疗做出的杰出贡献。迈克尔的故事，让我想起英国作家奥尔德斯·赫胥黎（Aldous Huxley）的名言："经验不是一个人的遭遇，而是他如何面对自己的遭遇。"

我们在实行关注于情感的应对策略时，还需要动用自己的情商。"情商"（emotional intelligence）指的是：

- 察觉情感；
- 以情感来协助思考；
- 理解情感，了解与之相关的知识；
- 自发地控制情感，促进情感和智力成长。

如果深谙情绪表达之道，我们采用关注于情感的应对策略也会更为有效。在向亲朋好友诉说自己的感受或者寻求帮助时，要选择适当的表达方式，否则只会把人赶跑。也就是说，我们自己在处理情感问题方面得有点聪明才智，才能很好地向他人表达自我；我们也要知道自己能从他人那里得到什么。

有一个很好的例子，来自一项关于遭受压力和创伤人群的调查研究。研究者邀请参与者完成问卷，以测量他们的创伤后成长水平。他们同时还测量了另外两个变量：情感表达和情商。研究者发现，在情商和情感表达上得高分的人，创伤后成长水平也最高。

因此，我们必须合理运用自己的情商，根据实际情况选择最适合的应对策略。比如说，如果你有支持自己、愿意耐心倾听的朋友，表达情感就能给你带来很大帮助；但如果你周围的人不是爱好批评，就是自己也消沉，要么就是根本不感兴趣，那么你在跟他们谈完之后，仍然会怀有罪恶感，感到自己受人责怪，比以前更为难堪。所以，我们需要分辨出谁是我们可以敞开心扉相信的人；我们要知道什么可以说，什么不能说。如果谈话会涉及人的基本情绪，这一点就尤为重要。基本情绪包括：恐惧、愤怒、生气、羞愧和内疚。我们在处理这类情绪时需要特别小心，不然就会如之前提到的那样，形成恶性循环，使问题更加严重。有时候，我们虽然明知道糟糕的情绪只会对自己有害，但就是无法控制自己。愤怒和生气对我们精神世界的破坏尤其严重。我们需要知道，自己该在何时放任情感，该在何时让理智插手干预。比如，迈克尔后来真诚地原谅了那些应该对他所受的伤害负责的人。他甚至还亲身参与前爱尔兰共和军成员的咨询会。试想，他如果放任愤怒充满内心，那么就不大可能做到这些事，更不可能取得如今的成就。

如果说一定程度的情商是关注于情感的应对策略获得成功的前提，那么那些不善于表达情感的人又该怎么办呢？有人搞不明白自己的感情，更别提把它描述出来了。他们难以区分身体的不适和情感的不适，也缺乏语言想象力。这种情况被称为“述情障碍”（alexithymia）。述情障碍的英文来自希腊语，字面上的意思就是“无法用语言来表达感觉”。述情障碍者虽然能够体会到某种情感，但是无法向他人解释出来。他们不能用自己的话深入、详细地描述自己的感觉，只会使用“失落”或者“烦扰”之类的词简单描述。

述情障碍本身其实没有太大问题。但是一旦遭遇厄运，述情障碍就会给当事人带来极大的麻烦。在述情方面有障碍的人常会把心理不适当作身体问题，比如疲劳、不舒服、脖子疼等。虽然他们也试图从亲朋好友那里寻求帮助，但是他们获得的帮助可能非常有限，难以支持他们治愈创伤。

研究显示，与采取回避性应对策略的人相比，积极采取关注于任务和情感的策略的人恢复得更好。他们向研究者报告创伤后成长的可能性也更大。简而言之，要想成功应对心理压力和创伤，人就必须学会随机应变。就好像骑自行车一样，你要知道何时该抬脚，何时该踩下踏板，何时该刹车。应对创伤也是一项需要学习才能掌握的技能。

随机应变

面对创伤如果你不知道该采用何种应对策略，不妨向专业人士寻求帮助。他们会为你提供不少行之有效的建议，比如进行放松练习，学习新的思考方式，以及学会监控自己的焦虑情绪。2006 年，研究者调查了一个在专业人士指导下进行的认知 - 行为压力监控训练。参与者都是刚被诊断出早期乳腺癌的女性患者，她们均已接受过手术治疗。该训练项目历时 10 周，旨在减轻这些女性的心理负担，向她们传授认知和行为方面的应对策略，加强她们的社会支持网络，破除关于乳腺癌的迷信，让她们进行放松练习，对未来重燃希望。当然，她们也能在互相支持的小组环境中坦陈心迹、表达情感。大多数参与者都觉得，这个项目为她们带来了很大帮助。9 个月后，她们向研究者报告说，自己现在更不容易陷入低落情绪，甚至已经开始体会到创伤后的心理成长。从训练项目中受益最大的，往往是那些在项目开始时态度不那么乐观的人。恰恰是对项目较不乐观的人（她们认为情形已经失控，所以采取消极态度，索性放任不管），经过训练之后提升了自己的应对能力，在心理上得到了更好的发展。

还有另一项同样针对乳腺癌患者的团体训练项目，历时20周。参与者在每周都要花90分钟与人讨论她们的经历、她们感到的威胁和不确定性，以及解决问题的办法。同时，她们还会学习新的应对方法和放松技巧。在训练项目结束的时候，大多数参与者都报告说，自己发生了创伤后成长。在遭遇生理性创伤（比如罹患癌症）之后积极锻炼身体，也能促发创伤后成长。研究者凯特·赫弗伦（Kate Hefferon）专门探究锻炼身体给乳腺癌幸存者带来的影响。她发现，锻炼不仅能帮女性恢复体力，还能让她们对自我产生新的认知，感觉自己能够再次控制自己的身体，再次参与到“正常活动”中去。这些理由都能吸引女性积极参与锻炼。赫弗伦还认为，锻炼之所以会带来很大帮助，是因为它能分散人们的注意力，阻止人们对自身疾病不断进行自责式反刍。

在进行创伤康复时，我们也要懂得“随机应变”。也就是说，我们要能根据情况的变化选择不同的应对策略。而不懂得随机应变，指的是不管情况如何，我们都一以贯之地采取相同策略，这显然缺乏适应性。我们常常会陷入思维定式，很难退一步思考自己选择的应对策略究竟效果如何。但也有些时候，我们之所以会抓住同一应对策略不放，是因为我们没有其他方法可选。所以，要想做到随机应变，我们首先需要掌握多种不同策略，从而在时机到来之时做出适当的选择。

如前所述，应对策略的形式不拘一格：我们可以以积极的方式重新理解遭遇、转移注意力、向他人表达情绪、寻求实际支援、计划未来、反省自己、接受现实、积极锻炼……但是每一条应对策略具体疗效究竟如何，还要看它是否适于我们当前面对的情况。

心理学家使用“应对功能尺度量表”（functional dimensions of coping scale，FDCS）调查问卷，来研究不同应对策略的疗效。他们会让参与者报告自己曾用何种活动或想法来应对创伤性事件。参与者提供的答案包括：和朋友进行深入讨论、退后一步看问题、自我放松或冥想、保持忙碌……最后，参与者还要回答以下三个问题：

- 某个应对策略是否能帮助自己控制创伤性事件带来的沮丧感？
- 它是否能帮助自己处理问题？
- 它是否能让自己转移注意力，不去处理问题？

参与者写下他们的答案。此项研究为他们提供了一个难得的机会，来客观衡量每个应对策略的效果。某条应对策略究竟是否有效，还要看当事人对自己境遇的看法，对自己应对策略的评价，以及这二者之间的关系。比如说，宗教能让人找到生活的意义，所以刚刚离婚的人可能会发现，祈祷能给他们带来帮助。但如果他们乘船出海而海水正逐渐灌满船舱的话，同样的策略就没什么效果了，这时候人们就应当采取更关注于任务的应对策略。

成功应对危机的关键，说到底还在于我们随机应变的灵活性。懂得随机应变的人，不但更有可能战胜困难，而且更能处理自己的糟糕情绪，改写自己的人生故事。如前所述，我们可以采取的应对策略多种多样：与人谈论问题、寻求支持、转向宗教……这种种策略能给我们带来帮助，因为它们都能帮助我们理解自己的创伤经历，换个视角看问题，并且寻求新的解决之道。这些新习得的策略，最终都能让我们对自己产生新的认知。

然而人们在应对压力时表现出来的灵活性各不相同。比如有的人会严格限制自己的情绪表达——虽然适当地表达情绪会给他们带来好处。心理学家用“情感表达态度量表”（Attitudes Toward Emotional Expression），来测量情绪表达的人格特质。参与者被要求阅读下列 4 个语句，并分别打分，表示同意与否：“我认为，人无论何时都应该控制住自己的情感”“我认为，人不应该拿自己的问题去烦扰别人”“我认为，表达情绪是软弱的标志”“我认为，个人的感受不可能为外人理解”。对上述语句表示赞同的人，在情感应对方面表现出的灵活性较差。进一步的研究显示，他们也更容易产生心理问题。

反观自身，我们对情感表达究竟怀有何种态度？这是我们每个人都必须了解的事。所谓知己知彼，百战不殆。将来我们必须对抗创伤之时，我们对自己的正确认识，很可能会成为给我们引航的灯塔。

创伤后成长皆在自身

创伤后心理压力可能会成为创伤后成长的引擎。但经历创伤之人要想促发成长，必须采用积极的应对策略，来把自己引上正途。但是没有一种药能医百病，也没有一种应对策略堪称万能。如前所述，成功应对创伤的关键，是个人的灵活性——不管压力和创伤带来的麻烦如何变化，我们都应根据具体情况的需要来选择应对策略；如果发现某种积极性的应对策略可能行之有效，我们就要大胆采用。

首先，创伤幸存者必须明白，他们未来的生活走向如何，责任不在别人，而在自己。本书第 3 章里提到的那位遭遇枪击事件的莎拉女士告诉我，她每次从惊梦难眠的一夜醒来之后，都会去看她孩子的照片：

> 在寂静的清晨，我独自盯着他们的照片，开始啜泣。低声哭泣的时候，我听到了真正的智慧的声音。我相信我们都曾有过这样的经历。那是我内心的声音，来自最了解我的那个自我。但有时候，这个声音被我们屏蔽掉了。我知道，没有人能来改变境况，没有人能拯救你，没有人做得到。你要获得拯救，只能靠你自己，找回自己的力量。我意识到，只要我还把自己当作受害者，我的家人就都是受害者。我会把自己的焦虑传染给他们，夺走他们的欢愉，夺走他们对世界积极的期望。我来到了人生的十字路口，关键中的关键点。我要么选择放弃，要么选择继续生活。我需要为我的家人活下去——后来我更认识到，最重要的是，我要为自己活下去。

承担起自己的责任，把自己引向恢复和成长之途，是我们在面对创伤后心理压力时要做的第一件事，也是最重要的一步。维克多·弗兰克尔认为，这就是奥斯维辛集中营幸存者和殒难者的区别——换句话说，幸存者之所以能够幸存，至少有一部分原因是，他们怀有对未来的希望。即使是在死亡集中营这样可怕的环境之中，我们也都有能力决定自己将要成为怎样的人。我们可以选择坚守自己的人格尊严。正如弗兰克尔所写的：

> 人最终需要自己做出决定。不管他个人的才能和身处的环境如何，他都会成为自己决定要成为的人。在集中营里，在这个现实版的人格实验室和试炼场，我们亲眼看到，有的同伴表现出丑恶和下流，有的人却像是圣徒。每个人都可能向这两个极端发展。但我们究竟走向何处，决定权在我们自己手里，不在环境。

弗兰克尔这番话让我们认识到，决定我们做何反应的，不是发生在我们身上的悲剧，而是我们从悲剧中寻得的人生意义。特里·韦特（Terry Waite）就很明白这个道理。1980 年，他作为英格兰教会（Church of England）特使前往伊朗谈判，成功解救了多名人质。1987 年，他来到黎巴嫩的贝鲁特，以确保伊斯兰圣战组织释放另外几名人质。他在得到安全保证的情况下同意与绑架者见面，但是绑架者撕毁了先前的约定，把他也扣为人质。直到 1991 年，在经过了长达 4 年的单独监禁之后，他才最终得到释放。他曾经被锁在暖气管上任人殴打，还曾被执行模拟枪决。“我在被释放的时候说了三句话：不后悔，不自怜，不伤感。我试着把这段艰苦岁月看作宝贵的精神财富。每个人都会受苦。如果你尝试去减轻苦难，它就不会给你带来毁灭性的影响。如果你能把苦难视为财富，它就会成为鼓舞你前行的积极的力量。”

讲述新的故事

生命的意义，不是任何人或事物能够给予我们的，它是我们给予自己的东西。我们通过讲故事来了解生命的意义。人类是天生的故事讲述者。我们出于本能，会自然地把自己的经历编入故事，以此来了解生命的意义。我们通过讲故事的形式，来理解发生在我们身上的一切。故事也为我们提供了一个大框架，以容纳我们新的经验。我们一生都与故事脱离不了关系。小时候，我们会听父母讲述睡前故事。后来，我们会看电影，听广播，阅读小说和报纸。我们也讲述自己的故事。我们回到家后，会对伴侣讲述我们这一天过得怎么样。我们也同样听伴侣讲述他们的故事。我们在与他人交流时，会对彼此的故事表示肯定或怀疑。我们的故事能帮助我们理解自己。它还能根据我们对自己和过去经验的看法，帮助我们梳理思想、感情和行为。

从社会层面上看，故事也无处不在。想想那些关于越南战争的故事吧！它们改变了战场归来的老兵对于创伤的理解。根植于文化的故事，也改变了我们讲述自己故事的方式。文化传统还告诉我们，哪些故事可以讲述，哪些则不能。宗教对于讲述故事来说也有强大的影响力。在创伤发生之后，讲述故事固然会加重我们的痛苦，但也会为我们经受的苦难找到意义。

真正精妙的语言，拥有将一个国家的人民凝聚在一起的伟大力量。想一想英国前首相温斯顿·丘吉尔在第二次世界大战时发表的那番激动人心的演说吧！毫无疑问，他的话使人们面对战争更加坚韧："有什么坏招你（希特勒）尽管使出来，我们会竭尽全力打败你！"还有美国前总统约翰·肯尼迪那句常被引用的话："不要问国家可以为你做什么，要问自己能为国家做什么！"我们也许说不出这种能激荡亿万人心的话，但我们也能用语言为自己创造生命的意义和人生的目标，指引前进的方向。

我曾在上一章中说，创伤会打断我们既定的人生故事。我们在过去建立起来的假设世界——我们对自己的认知、我们在世界上的归属和我们对世界的期望——无不为之动摇，甚至完全颠覆。我们不禁自问："为什么是我？""为什么会发生这种事？""这不是那个我认识的自己……我到底是谁？"创伤确实会改变我们过去写下的人生故事。而这些故事，正是曾经我们确立自我的基础。所以在创伤之后，我们常会感到失掉了自我。我们唯有通过讲述新的故事，才能重建自我认知——重新理解自我，理解我们在世界上的归属，理解我们对世界的期望。

我们讲述的故事，不仅能反映出我们自己的性格，还能反映出我们身处的文化。不同文化看待世界的方式各不相同：有的强调社群意识，有的看重精神和宗教，有的则重视个人责任。无论这些主流意识以何种形式呈现在我们面前，我们在寻找生命意义的时候，都不可避免地会受到它们的影响。

经受创伤之人，常会受到痛苦记忆的折磨。但他们不能像回放录像带一样，想起事件发生的完整始末。努力回忆的过程，往往充满痛苦；回忆起来的零星片段，也经过了种种修改。回忆无济于事，人们必须要学会解读创伤。他们最终会记住的，不是真实发生的事件，而是自己对创伤的解读。通过讲述故事，人们首先会对发生在自己身上的事有一个完整的认识，然后他们就能在此基础上理解创伤的意义。我们所处的文化，为我们提供了一个集体讲述故事、收集回忆的舞台——比如以色列耶路撒冷的犹太人大屠杀纪念馆（Yad Vashem）[①]和美国华盛顿的越南战争纪念碑。这也是为什么我们会有各种社会性的纪念日，为什么宗教仪式和典礼活动对创伤幸存者来说如此重要的原因。

说到底，我们都会从自己的经验中寻找意义。一旦我们找到意义，它就能给我们带来前行的力量。维克多·弗兰克尔讲了这么一个故事：

> 一位年长的医生在妻子去世两年之后，仍然沉浸在悲伤之中不可自拔。弗兰克尔问他，如果他先于妻子死去，情况又将如何？老医生回答说："那真是太糟糕了！她一定会痛苦极了。"弗兰克尔说："如果是这样，那么她现在就已经得到解脱了。但是她解脱痛苦的代价，是你必须承担苦痛。"这是对丧亲之痛的一种全新的理解。老医生和弗兰

① Yad Vashem 建成于 1953 年，名字出自《圣经·以赛亚书》："我必使他们在我殿中，在我墙内，有纪念，有名号，比有儿女的更美。我必赐他们永远的名，不能剪除。"其中"Yad Vashem"的意思是"有纪念，有名号"。——译者注

克尔握手告别。他在离开弗兰克尔的办公室时，为自己的人生和承受的苦难找到了新的意义。

我们通过向自己讲述故事，来理解我们的人生，建立我们的价值观。讲述故事让我们明白，我们为什么会选择这样而非那样的生活。通过讲述故事，我们增强了自己控制记忆的能力，缓和了现存的假设世界和创伤带来的新认知之间的矛盾——要么“同化”，要么“顺应”。

所以说，人会在三个层次上应对创伤：第一层是讲述故事——通过讲述故事来理解自己的经历。第二层是应对策略——据自己的经历来选择合适的应对策略。第三层是人格——人格不但能帮助我们选择合适的应对策略，还会受此影响而发生改变（参见图 6-1）。

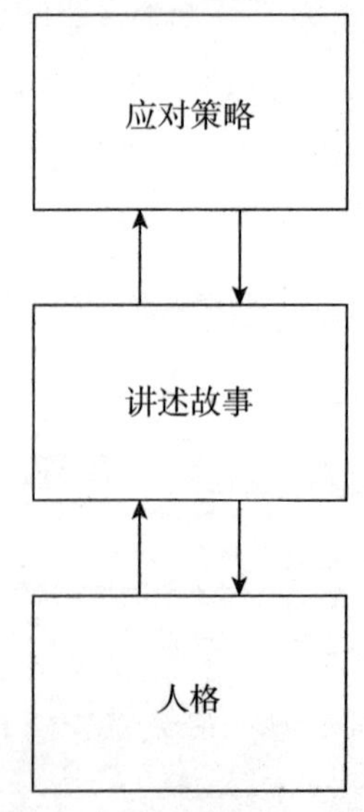

图 6-1　应对创伤的三个层次

加拿大心理学家唐纳德·梅肯鲍姆（Donald Meichenbaum）教授的开创性研究证明，讲述故事是应对策略得以发挥作用的必经途径。他在这方面做过的研究包括：我们究竟对自己或别人讲述了什么？我们对事物的理解如何改变我们自己的行为？比如，如果我们讲述的故事不断透露出这样的信息：我们是受害者，我们在精神上被完全击垮；世界是不安全的，万事万物都不可预测，没人可以信赖……讲述这样的故事的人，心理压力水平通常也较高。而有些故事能给人生带来意义和希望——我们不再是“受害者”，而是生存下来的“幸存者”，甚至是经过创伤洗礼而更加坚强的“成长者”。这样的故事，通常会带领我们走向创伤后成长。

我们对自己讲述的故事，会“自然而然地在我们头脑里生根发芽”，在潜移默化中改变我们的人格——首先改变我们的自我叙述（我们自己陈述的人生故事），然后会改变我们的个人目标、价值观和看重的事物。所以，我们为什么不能讲有益于自己的故事呢？创伤后成长的最大特点是，它会修改我们的人生故事、目标、价值观和看重之事。而我们的人格特质（比如外向或者神经质），也会在这三个层次上施加影响，使其彼此协调。

对于第 5 章里的简女士来说，对抗乳腺癌的斗争迫使她重新审视自己过去的价值观，在不同层次上进行自我协调。她因此知道了什么是她最感兴趣的东西，什么是她生命中最重要之事。她以这种方式让自己的人格更为统一。从这种意义上来说，创伤后成长会让我们更贴近于心中那个真实的自己。

所以，在我们谈及创伤后成长时，我们谈论的不只是如何应对创伤和压力，或者如何谈论自己。创伤后成长的真正意义在于彻底改变我们生活的方式。创伤后成长的影响体现于生活的方方面面：比如我们每天早晨醒来，将如何迎接新的一天；我们如何刷牙，如何穿鞋……它反映了我们对待生活的态度，还有我们在世界上的归属。因此我们可以说，创伤后成长其实深植于我们的人格。

创伤后成长因我们的心理压力和对自己讲述的故事而发生。这一认知过程推进的速度，受到我们的人格、应对策略和社会环境的共同影响，三者之间也存在复杂的相互影响。对于有些人来说，创伤后成长过程会受到强烈情感的阻碍，认知的车轮并没有驶入正轨，而是被引向深渊。如果人们纯以悲剧的形式来讲述自己的故事，那么他们的人格也会受到负面的影响。如果他人在有意或无意间激起我们的愤怒、怨恨或挫败感，这些强烈的感情很容易就会让我们做出破坏性的行为，比如报复。我们也会变得特别有攻击性或防御性，并就此关闭自己的情感之门。

但是，对大多数创伤幸存者来说，他们都会发生成长——哪怕只有一点点。如果我们能够采取适当的应对策略，这一点点的成长也会逐渐变大，最终大大提高我们的生活质量，让我们变成更好的自己。促发成长的关键是，我们要知道该对自己讲述什么样的故事。我们需要改写自己的人生故事，强调积极的变化，以实际行动来改变生活。

疗愈

第三部分

WHAT DOESN'T KILL US

THE NEW PSYCHOLOGY OF POSTTRAUMATIC GROWTH

会介意你说真心话的人，对你来说不重要；

对你来说重要的人，不会介意你说真心话。

苏斯博士
Dr. Seuss[1]

① 苏斯博士，本名希奥多·苏斯·盖索（Theodor Seuss Geisel），是美国著名童书作家和教育家。——译者注

挺住，意味着一切

抚平创伤的心理疗法

每年秋天，我在大学教书的教授朋友都会穿上色彩缤纷的导师服，去出席一年一度的毕业典礼。这是一项盛大庆典，那是一个充满希望的日子。年轻的毕业生们一个接着一个上台领取毕业证。他们大多都是二十出头的年纪，来自不同国家和民族。有些学生颇为羞涩，几乎是一路小跑着上台抢过毕业证；有些学生则显得从容不迫，以夸张的姿势向台下鞠躬，尽情享受朋友和父母的掌声。台上的教授们伴随这些年轻人度过了生命中特别重要的几年，对他们来说，那无疑是美好的一天。

在本书写作期间，又有一群年轻人从大学毕业。我看着欢呼的人群，不禁遐想：这群年轻人的未来将会如何？我们的额头上会不会有一个隐形的标记，预示我们的未来？比方说，如果未来一帆风顺，我们额头上就有一个绿色圆圈；如果将会遭逢厄运，我们头上的标记就是一个红色三角。想象一下吧！我们知道，这个标记从出生起就一直伴随着我们，但我们看不到它。不管我们多么努力尝试，就是看不到。

现在问题来了：如果你能看到这个标记，你想去看吗？你想知道未来会有什么坏事降临到自己头上吗？又有什么坏事会发生在家人和朋友身上？如果我们能看到周围人的标记，我们会怎么做？如果你知道，你所爱之人的额头上带着不幸的红色三角，而你有能力把它变成绿色圆圈——现在，你已经对创伤后成长有所了解，还会去尝试改写他们的命运吗？这个问题，我问过很多人。人们纷纷表示，自己一定会抹去所爱之人头上预示创伤的标记，让其免于痛苦的折磨——无一例外。要是让我来选，我也会这么做。

但不幸的是，我们无法做出选择。生命中唯一恒定不变的东西，就是“变化”本身。厄运会在我们毫无防备之际突然到来，无论是经历个人的创伤事件，比如丧亲和疾病；还是经历普遍性的创伤事件，比如天灾和恐怖袭击。我们在生命中的某个时刻，都必然要面对“变化”丢给我们的挑战。如前所述，创伤事件打断了我们本来似乎清晰明朗的人生故事。不但如此，它还将大大影响我们的生活，改变我们的生命。这种种艰难痛苦，我们又该如何面对？

过去数十年的研究证明，人在面对生活剧变时，常会陷入痛苦的挣扎。有的人会变得越发消沉，在家庭、工作和人际关系上屡屡受挫。然而，本书想要传达的信息是：虽然创伤后成长的道路上荆棘密布、痛苦万分，但是随着时间流逝，大多数人都能适应变化，而且能从中获益。他们会更加了解自己，了解自己和他人的关系，了解生命的意义。

碎花瓶理论的核心是，人有心理成长的内在本能。只不过这种内在本能可能屡屡受挫，甚至干脆进入休眠状态。创伤来临之际，正是它发挥效用的时候——改变我们过去的假设世界，释放我们的自然本性，重建新的自我。我们在经历创伤之后，正需要激发它的力量。要想促发创伤后成长，我们就必须积极承担起重建生活的责任。我们通过讲述故事来理解自己的经历，把零星的记忆碎片缀合为一，“同化”那些与自我认知和世界观协调一致的信息，“顺应”

我们的认知体系来适应与假设世界不符的信息——我们将重建自己的世界观，重新理解我们自己。

认知行为疗法

创伤后心理压力，是创伤后成长的引擎。但这引擎有时可能会过热——这就是创伤后应激障碍。罹患之人常被侵入性回忆反复纠缠，从而变得感情麻木，做出回避性的行为，无法集中注意力，思维也不能保持清晰连贯。而且他们几乎不敢想象将来，遑论创伤后成长。对于他们来说，创伤后成长之路上荆棘遍布、杂草丛生。这时候，专业援助能为他们带来莫大的帮助。心理学家们发明了许多心理疗法，帮助我们清除心理成长之路上的荆棘。

“关注于创伤的认知行为疗法”（trauma-focused cognitive behavioural therapy，TF-CBT）就是其中之一。它能有效帮助人们应对创伤后应激障碍。TF-CBT 灵活运用多种不同治疗技术，帮助人们处理痛苦的记忆、回避性的行为、情感麻木以及愤怒和焦虑引发的种种问题。概括来说的话，TF-CBT 疗法的重心在于分析个人思想、情感和行为的相互关系。其背后的理念是，我们的思想会影响我们的感受，然后进一步影响我们的行为。所以，如果我们能改变思维习惯，我们就能相应地改变自己的感受和行为。反过来也一样：我们可以通过改变行为模式，来改变自己的思想和感受。

TF-CBT 的治疗周期相对较短——通常只有 8~12 个疗程，加起来不过几个月。遭受多重创伤的人需要的治疗周期可能会更长一点，这是因为，饱受创伤后应激障碍折磨的人可能很难开口讲述自己的经历和感受。还有些时候，事件的细节太过私密，会让当事人觉得难堪。所以，可能要等到几个疗程之后，患者才愿意向心理治疗师详述细节。治疗师要做的第一件事，是详细了解患者的症状，弄明白他们面临的问题，然后制订出合适的治疗计划。一般来说，他们还会向患者解释创伤后应激障碍的含义，帮助他们理解自己目前的状况。这一“学习”环节的意义非同小可，因为患者此时可能已经被自己的负面记忆、想象和念头完全淹没，他们甚至会怀疑自己马上就要疯掉。所以治疗师一定要向患者强调，他们现在的感受是完全正常的。

心理治疗师制订的治疗计划，应当切合每个患者的实际需要。比如说，有的患者适合接受放松训练，从而缓解焦虑症状；有的患者应当学习如何控制自己的负面情绪；有的患者则应当采用其他应对策略。虽然治疗计划多种多样，但是它们都有一个共同点：创伤后应激障碍患者都需要直面自己的创伤记忆，这会让他们从中获益。

创伤记忆在我们大脑中的储存方式与日常记忆完全不同。我们有两套记忆系统，一套是“言语通达性记忆”（verbally accessible memory，VAM），另一套是我们前面提过的“情境通达性记忆”（SAM）。情境通达性记忆会受到提示物的刺激而被激发，但无法被人有意识地主动获取。不过，我们可以有意识地获取言语通达性记忆中的创伤信息。创伤后应激障碍心理治疗可以帮助创伤幸存者处理他们的言语通达性记忆。但在情境通达性记忆相关问题得到解决之前，他们可能很难参与“谈话治疗”（talking therapy）。为了解决情境通达性记忆的问题，治疗师需要妥善运用“暴露疗法”（exposure therapy），帮助处于超高警觉模式不得摆脱困境的患者消除已经形成的恐惧条件反射。治疗师会一步步鼓励患者，让他们逐渐开始面对自己痛苦的创伤记忆，从而减轻恐惧与焦虑感。

暴露疗法既可以在想象中进行（让患者讲述创伤经历），也可以在现实中进行（让患者暴露于他们刻意回避的情境之中或事物面前），还可以结合二者进行。治疗师甚至可以使用虚拟现实技术（让患者戴上便携式显示器，以虚拟的视听形式接收与创伤记忆有关的信息）。不过，暴露疗法的推进速度必须控制在合适的范围之内，不能过快。最简单的方法是慢慢提升患者暴露于恐惧情境的频率和时长。

心理治疗师采用的暴露疗法不止一种，其中之一是“回放疗法”（rewind technique）——患者被要求紧闭双眼，在头脑里想象两部“影片”。首先，他们要把自己当成局外人，想象创伤性事件的经过，起始时间点设在创伤性事件发生之前。那时他们还感到很安全。然后，他们要想象自己再次回到那个安全的起始点，开始放映第二部影片。这一次他们要告别第三人称视角，想象自己亲自出演。他们按照顺序想象完毕之后，才能睁开眼睛。患者在此过程中不能说话，也不能把关于创伤的细节以任何形式告知心理咨询师。

另一种治疗方法是“意象重现”（imagery rescripting）——患者在治疗师的指导下，把关于创伤的记忆当作一个不速之客，一个“来自过去的鬼魂”，将其转化为压力较小的意象。比如，他们可以把自己经历的创伤性事件想象成电视节目，而自己正坐在电视机前观看。他们可以推远或缩小电视影像，最后还可以把电视机关掉。

最富争议性的治疗方法，无疑是“眼动脱敏重建法”（eye movement desensitisation and reprocessing，EMDR），它常被用于 TF-CBT 治疗。为创伤人群服务的心理顾问和治疗师常会用到这个方法。EMDR 起源于一次公园漫步。1987 年，弗朗辛·夏皮罗（Francine Shapiro）在一座公园里散步的时候偶然发现，曾经困扰她的种种烦恼“忽然烟消云散”。同时她也注意到，她再回想烦恼时感觉已不如先前那样不堪其扰。经过仔细研究，她发现自己在走路的时候眼球曾经左右转过几次——她怀疑这就是解决烦恼的关键因素。她后来邀请了超过 70 名被试参与实验，并在 1989 年发表了第一篇关于 EMDR 的论文。

一般来说，EMDR 治疗是这样进行的：治疗师在患者眼前来回移动手指——当然，操作方式并非仅此一种，治疗师还可以选择轻拍患者，或者借助闪光等其他刺激来引导患者做眼球运动。EMDR 治疗的核心思想是，把患者的负面记忆、思想和由此引发的情感，与眼球的快速而有节奏性的重复运动联系到一起，从而使人对应激源产生免疫（即所谓“脱敏”），减轻创伤记忆带来的心理压力。在治疗过程中，治疗师会询问患者如下问题：“你发现创伤画面有什么变化吗？”“是变得更模糊、更清晰还是更真实？”“是不是在逐渐飘远？”“有没有改变色彩？”“与刚开始时相比，你发现它有什么本质的变化吗？”“你的焦虑感是变轻了、维持不变还是变重了？”

EMDR 疗法似乎对“单一创伤”人群的治疗效果最好，比如车祸或伤害事件的幸存者。对于长期累积性的创伤性事件（比如性虐待）的幸存者，它的疗效也比较显著。虽然我们尚不能完全解释其治疗机制，但研究发现，EMDR 常能给创伤后应激障碍患者带来帮助。刚开始接触这类暴露疗法时，患者常会感到很大的心理压力。这时候，治疗师要为他们提供适当引导，保证他们在每一步都能唤起足够的回忆，同时也不会过量，否则不但不能解决问题，还会加深问题的严重性。如果患者受到多重困扰，治疗师可就会问清楚程度最轻的那个，在开始的几个疗程里先由此入手。等患者能够自由谈论此事而不致情绪崩溃之后，治疗师就可以采用同样的治疗方法来处理更为棘手的创伤。随着疗程推进，患者就能渐渐抛开心理压力，开始谈论创伤，学着接受刺激源，回放创伤性事件。

脱敏疗法

人在经历创伤之后，往往想要回避任何能令他们想起创伤性事件的东西，包括所有与之有关的想法、地点、活动和人物。一个人可能遭遇的创伤多种多样，如果一味以回避来解决问题，那么他的“回避列表”只会越来越长。回避性的行为会让患者无法正常生活，如果不加以注意并及时治疗，将引发更多问题。对于这样的患者，心理学家常会使用暴露疗法——也就是“脱敏”。脱敏疗法的特点是，通过小量渐增的方式，将患者渐次暴露于他们极力避免的、能激发恐惧情绪的事物面前。也就是说，如果有人害怕乘坐公共交通工具，心理治疗师首先会要求他想象自己登上公交车。经过 1~2 个疗程之后，他会在头脑里想象自己走到公交车站，看车逐渐驶来，然后登上公交车。在接下来的疗程中，治疗师可能会陪患者一起，亲自去搭乘公交车。几次之后（如果这几次公交车之行都平安无事的话），他头脑中坐公交和危险的关联就将被大大削弱。

让我们来看一看苏珊的例子吧。

> 一天下班之后，苏珊开车回家，忽然一辆超高速行驶的汽车和她后面一辆重型卡车相撞，把她的车推向道路另一边，直迎逆向而来的车流。虽然她并未受伤，但她的车子已经严重变形，救援人员不得不把车身切开，才能救她脱困——这一过程花了将近30分钟。
>
> 经过几天的调理之后，苏珊从公司借来一辆车，又开始开车上班了。在接下来的几周里，她开车越发谨慎，而且尽可能不走高速公路。但她发现，自己在车里的焦虑感越来越强，就算只是坐在车里当乘客也是这样。到第4周时，她几乎已经完全无法开车。这大大影响了她的工作和社交生活。她避免与别人谈论那次事故，逐渐疏远了自己的朋友和亲人。苏珊的回避和焦虑只能使问题更加严重。她最后终于认识到自己的行为带来的问题，却无力改变，所以她开始寻求专业援助。
>
> 对于苏珊来说，心理康复的第一步就是坐回车里去。能够安心做到这一步之后，她就可以开始在熟悉的路段开车，并且逐渐延长驾驶时间和距离。然后她可以在车流较少的时候驶往其他路段。最后，即使在繁忙时段，她也能在不熟悉的路段开车了。

脱敏疗法可以为创伤后应激障碍患者带来很大帮助。有时候，患者甚至不需要专业援助，自己就能施用此法，比如帕特里夏。帕特里夏在经历创伤之后开始畏惧外出，这给她的生活带来了很大的麻烦。她认识到自己必须直面恐惧。她采取小量渐增的方法：先是走到花园，然后走到街上，再一直走到商店……最后，她终于能搭上市内火车，去市中心待上一整天。

在进行脱敏治疗时，患者可以给自己设下一些小目标，一步步来渐次攻克，以防一时暴露过度。每一个小目标都会将他们引向自己恐惧的事物，但要控制在自己能够面对的范围之内。就拿帕特里夏来说吧，她阅读了大量与创伤有关的资料，为自己设下了若干能够达成的目标，一次完成一个，一步步慢慢推进，最后终于能重游市中心。就像那句谚语说的："被哪匹马摔下背，就要重新骑上那匹马。"[①] 但并不是所有人都像帕特里夏一样，仅凭一己之力就能完成脱敏治疗。在很多情况下，专业援助必不可少。

促发创伤后成长

TF-CBT 治疗确实能帮助人解决创伤后应激障碍的问题，但它设计的初衷并不是为了促发创伤后成长。经过 TF-CBT 治疗之后，人们成长前行的道路被逐渐扫清。他们能够更好地控制自己的情绪，直面回忆而不致精神崩溃，并从刻意回避的恶性循环中解脱出来。一般来说，他们也会更想弄明白创伤经历的意义。创伤后应激障碍相关症状减轻到一定程度之后，患者就能够头脑清晰地思考问题了，他们大脑中与理解经验有关的结构能再次"启动"。虽然处理创伤信息的过程仍会给他们带来很大压力，但是与之前相比已经小得多了，对他们产生的心理影响也较小。患者的日常生活能力也会得到显著提高。这时候，他们会越发感到寻找生命意义的重要性——这时候，传统意义上的 TF-CBT 治疗已经不能满足他们的需要了。

这时候，我们考虑的重点就应该从如何减轻创伤后应激障碍症状，转移到如何促发创伤后成长上来。美国心理学会曾经出版了不少相关的科普材料，为遭遇逆境的人提供相当有效的应对策略：

- 与他人建立良好关系；
- 不要把危机视为不可解决、无法控制之事；
- 接受变化，因为那是生命的必然组成部分；

① 相当于我们所说的"从哪里摔倒，就从哪里爬起来"。——译者注

- 向着目标前进；
- 下定决心、采取行动；
- 寻找机会、发现自我；
- 培养对自己的积极看法；
- 从过去中学习；
- 对未来保持希望；
- 照顾自己。

如前所述，有效的积极应对策略多种多样，不拘一格。不过我们也应知道，心理治疗固然可以向人传授新的应对技巧，治疗师却无法告诉人们生命的意义所在，因为对于每个人来说，生命的意义都独一无二。治疗师唯一能做的，是在患者寻找自己的生命意义时为其提供支援。在重建生活的征途上，人们真正需要的，是始终一路相随的同伴。

所有的治疗师都认为，他们应该和患者建立起一种融洽的医患关系，但是具体的实践方法却各不相同，甚至可以用“千差万别”来形容。使用 TF-CBT 疗法的治疗师有点像医生，因为他们需要准确判断患者的心理疾病类型，从而确定“处方”，决定治疗方案。TF-CBT 医生并不想刻意培养医患关系，因为那不过是他们达到目的的手段。他们要将整个治疗过程都置于自己的控制之下。他们相信，医患关系可以帮助治疗师更好地与患者合作，让患者能更积极地参与治疗。但论及谈论创伤后成长，我个人的观点是，医患关系本身也可以作为创伤康复的重要载体。

在创伤后成长治疗中，我们找不到一般传统意义上的医患关系，毋宁说这是一趟两个人共同完成的旅行——其中一位是治疗师，他是个有经验的向导；另一位是求询者（client）[①] 自己，他才是最终决定选择哪条路走下去的人。到底该选哪条路？求询者本人，才是对自己最熟悉的人，也只有他们能为自己做

① 在本书接下来的部分里，作者将使用“求询者”（client）来代替“患者”（patient），以强调心理成长和创伤后应激障碍治疗的区别。——译者注

决定。

治疗师只是个经验丰富的向导，他在创伤后成长过程中能起到的最大作用，不过是从旁协助——我一贯坚持如此。这绝不是我妄自得出的结论。还记得碎花瓶理论的核心观念吗？人有创伤后成长的内在动机。数十年的心理治疗研究也证明，求询者从治疗中获得的帮助究竟有多大，并不在于治疗师使用了何种方法，而要看他们与求询者建立的关系究竟质量如何。治疗效果怎么样，归根结底还在于求询者自身，在于他们认为自己在治疗过程中受不受重视，有没有被认真倾听，有没有获得理解。上述种种感受，都是要满足求询者关于自主性、能力与归属感的基本心理需求。满足这些条件的心理治疗关系，将为求询者提供一个畅所欲言的平台，让他们能够自由地追随内心，促发成长。

我作为心理治疗师的责任是，从旁协助求询者探索生命的意义和目标。创伤康复过程中最重要的一点是，当事人必须明白，他们的生活已经完全改变，旧有的世界观已不再适用。创伤幸存者必须重新思考他们的生活方式，重新思考什么是对他们来说是最重要的。他们需要花些时间来反思自己从创伤经验中学到了什么。

在大多数情况下，治疗师如果强行推动创伤后成长的进程，只会适得其反，抑制成长的自然发生。在创伤康复过程中，求询者需要接触他们极力避免的应激源。但是治疗师如果对求询者施压，逼迫他们回忆，往往会在不经意把求询者吓跑。创伤治疗师常常满心期待地打开候诊室的门，准备迎接预约好的求询者，却发现候诊室里空无一人。经历创伤的人不仅会回避应激源，有时还会回避治疗。所以，治疗师必须以亲善的方式让求询者明白，能让他们重建心理健康的人只有他们自己，也只能是他们自己。

人在感到自己被重视、接受和理解之后，往往更愿意敞开心扉，诚实地谈论自己的难处，改写自己的故事。情况与之相反的人，则担心自己会受人批判，所以把内心世界深藏起来。还有些人会陷入愤怒、羞愧、内疚和嫉恨等负面情绪不能自拔，更不可能唤起他人的同情。心理治疗师要做的最重要的事，是与求询者建立起一种相互信赖的关系，给予求询者足够的安全感，让他们可以畅所欲言。如果没有足够的安全感，求询者怎么可能向治疗师揭示自己内心最深处的隐秘，坦言他们不为人知的情感？

有时候，在我和求询者认识几个月甚至几年之后，他们才开始向我坦陈他们的真实烦恼。我曾经接待过一位名叫安娜的求询者。治疗持续了两年时间，我们一起探讨了很多问题，比如她的亲密关系，她的童年，还有她父母的离婚。她常感到非常愤怒。我们做了一些愤怒控制练习，还研究出一些特别的技巧来应对可能会让她怒火中烧的情境。但我总觉得，在她愤怒的表象之下，可能隐藏着更深层次的原因——这是她一直不愿正视但必须正视的问题。我一直在等她做好准备。我很确定，如果我失去耐心，只会适得其反——我的轻率之举，可能会在顷刻之间毁掉我们辛苦建立起来的信任感。突破性的进展发生在我们相识一周年的时候。在那次谈话的前 20 分钟里，她一直保持沉默。然后她忽然哭着告诉我，小时候她的继父一直对她进行性虐待。这个秘密她一直守口如瓶，这是她第一次对别人说——她不可能在与治疗师第一次见面的时候，就把这件事说出来。她需要从治疗师那里获得足够的安全感，然后才会对治疗师产生信任，这可要花上一些时间。

作为一名心理治疗师，我认为自己在临床实践中的职责是帮助人们促发成长，而不是把“成长”硬施于人。心理治疗师无法告诉求询者，他们要如何理解发生在自己身上的创伤。这一点尤为关键。创伤的意义何在？在创伤后追寻意义是人类的普遍倾向，但是每个人最后找到的意义都独一无二，只适用于他们自己。建立起新的世界观，归根结底还要靠创伤幸存者本人的努力。毕竟，这创伤只属于他们，没有任何人可以替代——治疗师也没有权力指导他们应该如何理解生活。对于创伤幸存者来说，他们需要以开放的心态来接受各种可能的理解方式，然后选择出对自己来说最合适的那一个。

我们已经知道，采取趋近性应对策略，积极面对压力情境和负面情感，能为创伤后康复带来很大帮助。但是心理治疗的过程并不总是如此有条不紊。在很多情况下，虽然求询者非常想要表达自己的情感，他们却发现感情太过激烈，难以自持。因此，他们可能会选择收敛感情，直到自己做好准备。这样的波动犹疑在心理学临床治疗上相当正常和普遍。心理治疗师一定要认识到这一点，才能帮助求询者掌握主动权，引导他们自行控制治疗进程的快慢。

许多研究向我们证明，心理治疗成功的关键在于求询者自己——要看他们个人的资质、应对能力、自我控制意识和决心。最好的心理治疗应该督促人们为自己的精神康复负起责任，帮助他们认识到，精神康复的主动权其实掌握在他们自己手中。当然，也有部分专业人士仍然习惯性地认为，成功的临床心理治疗的目标是帮助人们减轻压力，让人变得更快乐。要想改变学界这种已经过时的想法相当困难。治疗师自己首先必须放宽眼界，把心理成长视为一种独立、自发的精神变化过程，认识到每个人的成长都有所不同，不必用某些固定标准（比如心理幸福感提高，创伤后心理压力降低）来做统一衡量。

创伤幸存者应该去寻找这样一位治疗师：他能够和求询者坐在一起，耐心倾听他们诉说自己的创伤，以及为摆脱创伤阴影而做出的努力。最重要的是，这位治疗师在倾听他们叙述的时候，必须怀有一颗共情之心。与其拔苗助长，治疗师不如让求询者自己去感受内心成长的悸动，而不是对自己和求询者寄予太多不切实际的期望——这明显有悖于创伤后成长的本意。

在经历过创伤之后，没有人会想听别人说教，说应该着眼于创伤事件的光明面；也没有人想要被指责态度不够积极。这绝不是本书想要传达给你的信息，也没有任何一位严谨的心理治疗师会向心怀巨大压力的求询者灌输这样的理念。在危机过去之后，人们可能会在自己身上发现积极的变化。尽管如此，他们可能要花点时间才愿意承认，这类变化确实代表了心理的成长。

年近30岁的马特在一家大型公司担任执行经理。那是他放假的第一天，他和妻子准备在家度过一个愉快轻松的周末，然后出门去拜访

> 朋友。这时候他的母亲打来电话，说他的兄弟被人发现上吊自杀身亡。马特惊呆了。他后来回忆说，那天下午他和妻子一起驱车回到父母家。“是她开的车，我开不了车，”他告诉我，“我的两腿抖得像果冻。”一年之后，他仍然承受着不小的创伤后心理压力。他常常会突然想，如果他当时做点什么的话，也许就能阻止兄弟自杀。
>
> 虽然他并没有亲眼看到兄弟自杀的景象，但是他不断在头脑中想象。他也曾试着忘掉那可怕的景象，但是它始终纠缠不去。“你不能当它没发生过,因为它确实发生了,”他说,“它已经成为我生命的一部分。”但他无法理解这件事。他的兄弟在突然之间撒手人寰，没有给他留下只字片语。直到今天，马特还对兄弟之死无法释怀。他还在努力挣扎，试图搞明白究竟发生了什么。

在经历这番变故之后，马特自己也发生了变化，他变成了一个更坚强的人。我注意到，他应对生活的能力也变得越来越强，生活的重心也悄然发生了变化。他现在常去拜访年迈的双亲，比以前更为频繁。虽然开车过去路上要花很长时间，但是他现在认识到，几年之后他可能就再也见不到他们了。他和妻子的爱情也更加深厚笃定。我很高兴听他说起这些变化，他也感到自己变得更加强大。但是他内心的痛苦仍然太过强烈，他自以为没有“立场”承认自己发生了创伤后的成长。我绝不会让他压制自己的痛苦，强迫他把自己的变化视为“成长”。作为心理治疗师，这时候我不能给人乱贴标签，或者向求询者解释说创伤经验也可能给人带来好的东西。他还没准备好接受这样的信息。等他做好准备之后，他一定会告诉我，创伤对他的生活方式产生了哪些好的影响。

敏感的治疗师知道，每个人的生活都很不容易，在创伤之后挣扎前行尤为艰难。他们知道，自己的任务就是保持耐心，让求询者自己掌握前行的速度和方向。无论求询者去到哪里，他们都要一路相随——如果求询者注意到自己的心理成长，并且自己将其认定为成长，那么治疗师就可以从旁指引，让求询者把握住自己成长的苗头，或者换个角度看看，然后自己决定应该怎么办。

也有些时候，在痛苦中奋力挣扎的人们认为自己发生了创伤后成长，但在治疗师看来这只是他们的幻觉。这时心理治疗师可能很想介入干涉，把走偏了的求询者带回正轨。然而如前所述，就算他们认定的创伤后成长不过是自己的幻觉，有时候这也不失为一种有效的应对方式。尽管求询者可能并没有真的发生成长，成长的幻觉却多少能帮助他们提升自尊，让他们重拾对生活的掌控感，对未来萌生希望。

我们也应注意，积极的幻觉并不等同于真实发生的个人转变——要想发生个人转变，我们首先需要解决已知假设和创伤新信息之间的矛盾。在矛盾解决的过程之中，个人转变也将随之发生。那么，要怎样才能更好地达到这个目标？最佳策略似乎是我们提升自己的反省能力，卸下心防，积极面对创痛。治疗师如果能为求询者提供一个安全的环境，让他们感到自己的所思所想不但不会受人指摘，而且还会被人重视，那么，他们就更有可能发生创伤后成长。如果治疗师发现求询者产生成长的幻觉就立即矫正，很可能就会打断其成长的进程。

一定程度的积极幻觉其实再平常不过，而且与积极的心理功能有着紧密的联系。所以，治疗师固然不应鼓励积极的幻觉，但也不必对求询者自我报告的真实性表示质疑。治疗师真正应该做的，是了解求询者的感受和经历。只有在求询者的成长幻觉太过强烈，甚至可能给他们带来伤害的时候，治疗师才需要介入调解。

创伤后心理幸福感变化问卷

创伤后心理幸福感变化问卷（PWB-PTCQ）可以广泛应用于上文提到的治疗，以检测求询者的心理治疗进程。PWB-PTCQ 经过全新设计，可以解决现有问卷中存在的问题。治疗师可以通过 PWB-PTCQ 问卷来了解人们对自身变化的体会。它包含 3 组共 18 道问题，用于评估参与者的自我接纳、自主性、生活目标、亲密关系、掌控感和个人成长。PWB-PTCQ 的最高分为 90。拿到这个分数的人，认为自己发生了巨大改变，比以前更能接纳自我、更有自主性、活得更有目标、更重视亲密关系，对生活也更有掌控感。他们更乐于接纳新生活，更愿意接受成长。一般来说，得分超过 54 的人，可能已经发生创伤后成长。得分超过 72 的人，则发生了较高水平的成长。

在 PWB-PTCQ 上拿到最高分的人当然少之又少。我们在第 3 章提到的那位莎拉女士，她得到的总分是 74，也就是说，她认为自己发生了很大的积极改变。她在自我接纳、生活目标、自主性、亲密关系和个人成长上的单项分数最高，在掌控感上的得分较低。也就是说，她还有不小的前进空间。至于我们在第 6 章里介绍过的迈克尔先生，他的总分是 76，和莎拉差不多，但是单项分数和莎拉很不一样了。PWB-PTCQ 在追踪求询者的积极变化时尤其有用。治疗师在和求询者谈话的时候，可以拿它来打开话匣子，谈论他们发生的变化。

请想一想你在此时此刻的真实感受。阅读下列各句，依据创伤给你带来的变化为其打分。

5 = 比以前多很多

4 = 比以前多

3 = 感觉跟以前没什么不同

2 = 比以前少

1 = 比以前少很多

1. 我喜欢我自己。
2. 我对自己的观点有信心。
3. 我觉得我有生活目标。

4. 我与他人有亲密、深厚的关系。
5. 我感到自己能够控制生活。
6. 我乐于接受新的挑战。
7. 我能够接受自己，不只是我的长处，还有我的局限。
8. 我不在乎别人怎么看我。
9. 我活得有意义。
10. 我拥有共情之心，乐于奉献。
11. 我可以处理好自己的责任。
12. 我一直在努力尝试了解自己。
13. 我尊重自己。
14. 我知道什么对我来说是最重要的东西。即使旁人都不认同，我也会坚持原则，不为动摇。
15. 我感到我的人生很有价值，我会对某些人和事物产生重要的影响。
16. 我遇到了真正关心我的人，我因此深怀感激。
17. 我能够应对生活抛给我的一切，无论是欢喜还是厄运。
18. 我对未来充满希望，对新机遇满怀期待。

打分

把这 18 个问题的分数加在一起。

得分越高，你感受到的积极变化就越大。如果你的 PWB-PTCQ 总分高于 54，就表示积极改变已经发生。如果总分高于 72，就表示在你身上发生了很大的积极变化。

你还可以考察自己在心理幸福感各方面的变化情况分别如何。请按照下列分组，计算单项得分：

自我接纳：问题 1、7、13

自主性：问题 2、8、14

生活目标：问题 3、9、15

亲密关系：问题 4、10、16

掌控感：问题 5、11、17

个人成长：问题 6、12、18

我常会在治疗过程中，以两周一次的频率要求求询者填写 PWB-PTCQ 问卷，同时采用标准测量方法来评估他们的创伤后心理压力水平。为什么要定期填写问卷呢？如果他们问起，我会解释说，这是为了监督我们的诊疗工作。

乔治在想起过去某个创伤性事件时，常会情绪失控：当时他前往卢旺达参与海外救援行动，不幸被卷入当地的恶性暴力事件。我们最初相遇的时候，他已申请病假离职。在第一次谈话中，乔治在创伤后心理压力评估上的得分相当高（分数若超过 35，就意味着此人有罹患创伤后应激障碍的可能）。而他的 PWB-PTCQ 得分显示，他没有发生创伤后成长（参见图 7-1）。

我们在之后的 7 个月里，又进行了 14 次谈话，差不多每两周都要做一次 PWB-PTCQ 问卷（第 7 次谈话时漏掉了）。在第一次谈话中，我们重点讨论了创伤的影响，对抗回避行为的方法，还有在记忆被激发之后如何更好地控制情绪。我抓住机会，请他详述创伤事件的经过。起初他表现得相当犹疑。但在后来的几次谈话中，他逐渐向我透露出一点信息。刚开始时，他在讲述的时候抑制不住泪水和焦虑，但随着谈话逐渐深入，他在谈论创伤经历的时候已经不再表露出明显的悲伤情绪。

慢慢地，随着他的回避意识逐渐减少，他更愿意与我谈论创伤事件，直面悲惨记忆，详述事件经过……直到最后，回忆不会再给他带来难以承受的心理压力。在第 9 次谈话时，他在各方面都表现良好，足以进行更深层次的谈话。他开始谈论海外救援经历给他带来的帮助。而完成 PWB-PTCQ 问卷正是把他导向正向思维的方法。这类积极心理学工具大大扩展了心理治疗的范畴，让人得以深入发掘自己的经验、能力以及对未来的希望。治疗师的任务，是认真倾听、深入理解求询者的内在体验。治疗师应当知道，一旦通往创伤后成长之路的障碍得以扫清，剩下的一切变化就会在人的内在激励之下顺势而生。到第 13 次谈话时，乔治的得分发生了巨大变化（参见图 7-1）。那时他已经重新开始投入工作。几周之后，我们进行了最后一次谈话，检查诊疗效果。PWB-PTCQ 问卷显示的各项变化都趋于稳定，他仍然留在工作岗位，而且表现很好。

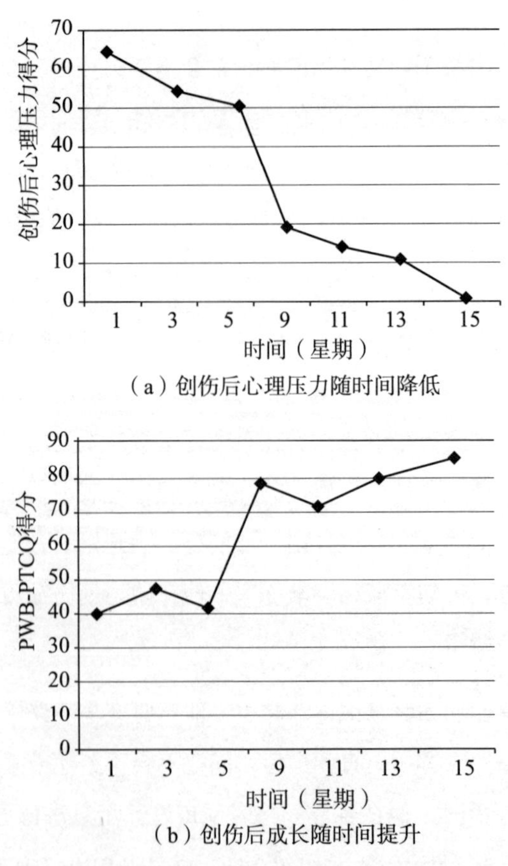

（a）创伤后心理压力随时间降低

（b）创伤后成长随时间提升

图 7-1 疗程中求询者的心理压力和问卷得分变化

图 7-1 展示的是创伤后心理压力和创伤后成长随时间变化的关系。一开始，乔治表现出高水平的创伤后心理压力，而丝毫没有创伤后成长的迹象。但在疗程结束的时候，这两个数值发生了颠覆性的变化：创伤后成长的水平相当高，而创伤后心理压力则消失不见。但最值得我们注意的是疗程的中间部分：乔治仍然承受着一定程度的创伤后心理压力，而创伤后成长的迹象也在他身上逐渐显露出来。创伤后心理压力和创伤后成长随时间变化的关系，与我们之前的论证一致。它们无不证明，在处理创伤经验的过程中，一定程度的创伤后心理压力与创伤后成长可能同时并存。

新型疗法

大量与促发创伤后成长有关的新观念和新型治疗法正在不断涌现出来。其中之一是由英国临床心理学家保罗·吉尔伯特（Paul Gilbert）教授发明的“同理心训练”疗法（compassionate mind training，CMT）。CMT 疗法对倾向于做自我批评、深感羞愧的人（在创伤人群中不在少数）来说尤其有效。求询者首先需要花点时间搞明白他们是如何自我批评的，这一步非常重要。经过这一步骤，他们会更加同情自己。CMT 疗法要求求询者想象，如果他们的亲朋好友也面对同样的情况，他们会做何反应？将此反应与他们对自己的反应两相比较，人们就会认识到，他们对自己比对他人要苛刻得多。然后他们经过“同理心训练”，练习用自己对待他人的方式来对待自己，从而对自己表现出更多同情。这种内向性的同理心，将会对他们的心理幸福感产生超乎寻常的影响。

另一种颇为新颖的治疗方法是“叙事暴露疗法”（narrative exposure therapy）。它最初是为难民设计的，把“证言疗法”（testimony therapy）与“暴露疗法”结合在一起，旨在帮助创伤幸存者建立以时间顺序进行的个人陈述。求询者需要回忆自己的创伤经历，然后把支离破碎的记忆缀合成完整连贯的陈述。该疗法在其他人群中的应用也越来越多。有研究显示，叙事暴露疗法能够促发创伤后成长。

心理治疗通常都以“治疗师—求询者”一对一的形式进行，但有时团体性治疗的效果也不错。在一项关于自杀者父母的研究中，参与者都是在过去5年里痛失爱子之人。其中那些加入支持团体的父母，更有可能发生个人成长。但是我们现在还不知道，到底哪个是因，哪个是果：究竟是加入支持团体导致个人成长，还是个人成长让人想要加入支持团体？那些在很久以前经历丧子之痛的人，通常会在团体中扮演照顾者的角色。他们的悲痛期更为漫长，也许当年他们曾经受到他人的帮助，现在轮到他们来“回馈”于人。

如前所述，团体性治疗和其他心理治疗方法都能帮助我们理解创伤经历对我们自己产生的影响——我们只有理解过去，才能更好地掌控未来。我们也确实能通过心理治疗了解到许多我们过去不知道的东西。而促发积极改变的方式之一，就是讲述故事——不管是通过一对一治疗，还是团体性治疗。

讲述故事的核心是善用“隐喻”。美国心理学会出版过一本指南，鼓励人们以隐喻的方式思考问题，比如把个人的心理康复过程想象成乘坐竹筏顺流而下。我认为这个隐喻特别有用，因为它巧妙地传达了这样一个信息：生命不能回溯，正如竹筏顺流而下不能回头。

人们可能一心期望能重回过去的美好时光，当时尚未发生任何惊天动地的变化。一位女士曾经这样对我说：“就好像我坐在一列火车上。途中火车突然停了下来。我没有留在车上，而是走下车，在路边等另一辆车来载我回去。但后来我认识到，没有任何一辆车能往回走。我无法回头。这悲剧发生之后，一切就再也不可能回到原样。没有什么为什么，事实就是如此。这就是生命。你变了。你必须留在火车上。如果我们想要回头，我们就会卡在那里。事件既已发生，你便无法逃避。我们必须直面真实的人生，并从中学习。”

火车的隐喻也很有意义。它巧妙地把“想要回到过去”的愿望，变为更有意义的前行的希望。我常对我的求询者讲述这个隐喻，不过我也告诉他们，这个隐喻并不一定适合他们自己的情况。我在使用隐喻的时候十分谨慎，因为它们都是效力强大的魔药。治疗师要时刻警惕他们职业带来的潜在危险——他们面对的可是感情十分脆弱的人，后者很容易受到影响。

还有一个办法比治疗师使用隐喻更好，那就是帮助求询者找到自己的隐喻。玛丽曾经写道，有了自己的房子以后，她就能好好照顾自己，促发积极变化：

> 另一件对我产生了重大影响的事，是我有了自己的家。我在大约 8 个月前买下这个房子。它有 3 层楼（算上屋顶的话有 4 层），有一个放得下 3 张床的中层大露台，在后面还有一个朝南的花园，在夏天会开满美丽的向日葵！拥有这样一个家，让我获得了巨大的稳定感和安全感……我把它看作我生命的隐喻。我在买下这处房产的时候，它的状况很糟糕，似乎被人弃置良久，每个房间都需要重新装修……但后来我修好了房子，我也修好了自己。

萨拉给我们讲述了另一个故事。她小时候是在一个多山的地区长大的，那里常发生森林大火：

> 过去在我眼里，它（大火）只是毁灭性的灾难。但后来我了解到，它也会给我们带来益处。相信我，如果你看到什么东西被火焰团团包围，你绝不会想到“益处”这个词；就算在大火烧过之后，你也不会很快想到它。遭遇创伤事件之后，我们很难从中得到什么益处，我们只会留下“创伤”。但是，森林大火也是新生命的催化剂。新生命萌发于毁灭的灰烬之中。（森林大火）不会在短时间内给动植物带来好处。动物和它们的栖息地被大火吞噬殆尽，我们和我们的家园也一样。但只有通过自然的森林大火的洗礼，树木才能更加繁茂，栖息地才能恢复生态平衡。正如森林大火能够催化生命，创伤也能促发成长。但是，成长也必然伴随着伤痛。
>
> 森林大火虽然能促发生长（比如长出新的花草树木），但也会带来许多负面影响，比如泥石流。泥石流就是创伤后应激障碍的症状——重新体验与创伤

有关的声音、气味和其他感觉。我们在与创伤后应激障碍抗争的过程中理解的意义和获得的力量，就是在森林大火后新生的动物和植物。

隐喻让人们重新获得了对生活的掌控感，也为我们提供了一种理解创伤性事件的方式——把创伤性事件与我们的过去和未来联系到一起。隐喻为创伤幸存者的新故事提供了脚本的大纲，让他们能够以讲述故事的方式，改写他们的人生。运用隐喻的方式之一就是"表达性写作方法"（expressive writing techniques）。它在过去 20 年中得到极大发展，为人们指出一条宝贵的创伤康复之路。

15分钟情感日记：表达性写作

20 世纪 70 年代末，詹姆斯·彭纳贝克教授（James Pennebaker）开始研究情绪表达的治疗效果。他随机对 800 人进行了一项调查，其中一个问题是，参与者在 17 岁前是否曾经历过性伤害。15% 的人回答说经历过——这个数字本身就堪称惊人发现。但彭纳贝克教授并未止步于此。他还注意到，与其他遭遇相比，人在 17 岁前受到的性伤害更容易引发生理健康问题。这究竟是为什么呢？他为这一谜题深深吸引，决定一探究竟。

他因此接受了《今日心理学》（*Psychology Today*）杂志的邀请，在其读者群中进行调查。他设计了许多新的问题，共有 24 000 人参与调查。在所有回应者中，有 22% 的女性和 11% 的男性报告说，自己曾在 17 岁前遭受性伤害。与其他回应者相比，他们更有可能常去医院、患上高血压和溃疡，或者产生其他生理健康问题。他似乎发现了点什么，但为什么会出现这种现象呢？在之后的几年里，彭纳贝克教授又进行了更多调查研究。调查无不显示，创伤经历对人有害——但真正的转折点是，只有在人们刻意隐瞒创伤的时候，它才会变成侵害健康的毒药。

彭纳贝克是一位实验心理学家。他想，研究是不是可以把那些刻意隐瞒创伤之人请进实验室，让他们开口讲述秘密？他正是这么做的：他邀请学生自愿来到他在大学的实验室参与研究。根据抛硬币结果，学生被随机分为两组。第一组的学生被要求写下令他们感到烦恼或痛苦的事物——想到哪就写到哪，但一定要写出他们内心最深处的情感。第二组的学生则被要求写下与他们的情感无甚关联的东西，比如他们在之后几天打算做什么——只陈述事实，不夹杂感情。如此每次 15 分钟，连续 4 天，学生都要按照既定的主题进行写作。研究人员告诉他们，他们写下的东西都是匿名的，而且会被严格保密。他们在实验过程中必须连续书写，不必担心拼写问题，只要不停动笔写就好了。彭纳贝克的研究材料还包括大学健康服务档案。他被自己的发现震惊了：在后来的 6 个月里，情绪表达组（实验组）的被试光顾大学医务室的可能性，要比对照组小得多。事实证明，把情绪写出来是一件有益健康的好事！

这真是个惊人的发现！为什么每天写 15 分钟的情感日记就能让情况大不一样？彭纳贝克继续进行研究。他采集了被试的血样，送往实验室检查血液中的免疫标记物。彭纳贝克发现，从免疫系统攻击性来看，情绪书写组的免疫系统要比控制组强得多。他提出了一个可能原因：情绪表达写作能让人睡得更好，而优质的睡眠又能提升免疫系统的功能。在之后 20 年里，关于情绪表达写作益处的研究越来越多：情绪表达写作能减少旷工、提升绩效，还能减少呼吸系统疾病的发病率。更有学者发现，在现实生活场景中表达情绪，可以帮助失业的工程师更快地找到工作、减轻女性照顾者的创伤后心理压力、减少男性囚犯就医的次数、减轻偏头痛患者的痛苦、减少乳腺癌患者因为癌症去看医生的次数。

其中一个实验是这样的：乳腺癌患者被随机分为三组，实验为期三周。研究者要求第一组被试每 4 天都要花 20 分钟写下他们内心深处对自己患病经历的想法和感受（表达组）；第二组被试被要求写下患病给他们带来的积极影响（积极组）；第三组被试被要求写下与他们的病症和治疗有关的事实（事实组）。

三个月后，与事实组的被试相比，表达组和积极组因为癌症而去看医生的次数相对较少。情绪表达写作不但能给人带来身体上的帮助，也能给人带来心理上的帮助。研究表明，表达组被试的心理压力水平最低——特别是对于那些回避心理本来就少的女性来说，更是如此。（这很好理解。要求回避心理很重的人去探索潜藏在他们内心最深处的情感，这本身就会给他们带来极大威胁。因为这个缘故，我们认为情感表达写作对于回避心理较少的人来说尤为有效。）而对于回避心重的人来说，积极写作似乎也能起到帮助效果——这或许是因为，积极写作比自我剖析式的情感表达写作要简单。也就是说，表达情感和寻找积极影响都能改善癌症患者的健康。

为何会发生这样的现象？一个解释是，生命难题常会影响人的情绪。而人在努力思索这样的问题时，常会受情绪影响而分神。这时候，写作就能帮助他们集中精力思考（同时还能深入发掘他们的情感）。但也许给人带来益处的并不是情感表达写作这个行为本身，而是我们如何表达情感。如果能在写作中大量使用积极词汇，比如“爱”“快乐”“关心”“好”等，效果可能最好。“我不快乐”和“我很难过”这两种表达方式之间存在天壤之别。如果写作中使用了太多消极词汇，情感表达也不会给人带来益处。但如果消极词汇用得太少，效果也不会很好。所以说，创伤幸存者在情感表达写作中应该使用适量的积极词汇和消极词汇。研究显示，一般说来，积极 - 消极词语使用率在 3:1 左右的人，都因表达性写作而获得了心理上的帮助。还有一点要注意的是，多使用表达因果关系和深入思考的词也能带来好处。表达因果关系的词有“因为”“原因”“由于”“影响”等；关于深入思考的词有“意义”“知道”“考虑”“理解”“目的是”等。这些词语都能帮助我们讲述故事，探索事件背后的意义。

我在本书中引用了很多求询者的故事，以此来支持我的观点。但是我隐去了他们的真名，也修改了故事的细节。有时候我甚至会请他们来读一读我的书稿。有几个人告诉我，看到自己的故事由别人写来，别有一番趣味。于是他们也开始尝试以旁观者的视角来记述自己的经历。莎拉女士就是这么做的。对她来说，以第三人称记述创伤经历，让她能够与创伤事件隔开一段距离，写下她在多年里一直避免提及的话：

> 创造故事，似乎能让我不再那么在意细节的准确性。我对创伤事件的记忆显然还是含糊不清。我当时几乎完全没有感觉……所有一切都让我感到困惑。有些细节我记得很清楚，有些部分我是事后从报告上看到的——当时我可能陷入了自己的世界里。若有人问我当时发生了什么，我可能仍然会想要逃避……似乎我每次开口讲述，都要重温一遍那可怕的遭遇。现在这是我第一次写下这故事。第三人称的视角似乎很有用，我也放松了不少。

但莎拉也发现，第三人称写作是个累人的活儿。“它也不全然是好的。我只不过写了一点，就已经累得不行。我觉得我可能会写得很慢。但我想，只要它不超出我的承受范围，不会对我产生什么其他影响，我还会坚持写下去，因为这么做是值得的。”确实如莎拉所说，人们应该以自己的方式和速度来逐渐接近目标。但是不论他们的前行速度如何，最重要的是他们应该寻求某种方法，借助故事和隐喻来找到自己理解创伤的方式。他们可以选择向专业人士寻求帮助，与亲朋好友交谈，每天记录自己的点滴反思，还有参加仪式和典礼等。

创伤后成长的动力，来自自己

心理治疗师在熟练掌握了上述知识之后，就可以帮助人们促发心理成长了。但是治疗师也必须保持警惕，在侦测成长迹象的时候不能为狭隘的思维模式所困。心理成长会给人带来更充实、更有意义的人生。我们可能会因此得到解脱、感觉良好，但成长的意义不仅于此。成长的真正意义在于，我们对自己的个体生命、人际关系和生命存在，产生了更为深刻的认识。

心理学家的一大重要研究发现是，创伤后心理压力与创伤后成长可以并存，而且创伤后心理压力似乎是成长的激发器。与创伤后幸存者接触的专业心理治疗人士一定要了解这一点，从而选择合适的治疗方案。要想让治疗成功，治疗师须得将心理压力视为积极变化的前导，将创伤后成长视为治疗的核心议题。治疗过程要求心理治疗师拥有高超的技巧。治疗师的目标，不是“治愈”创伤幸存者，而是和他们一道想方设法解决他们遇到的问题。

从一方面来看，人们倾向于讲述他们在此之前已经习惯讲述的故事，因为这些故事定义了他们是谁；但从另一方面来看，他们需要重新构建自己的故事，来适应创伤带来的新信息。故事重构必然是一个漫长而痛苦的过程。人们可以通过向他人讲述故事来获得关心和理解。如果他们现在讲述的是一个从来没有对人言说过的故事，他们就更需要得到他人的关注和理解。通过向他人讲述故事，人们还能认识与自己有类似经历而且同样在谋求康复的人。这会给他们带来希望。

心理治疗师深明其妙。他们的任务之一，就是为求询者提供一个可以畅所欲言的安全环境。求询者可以大胆在此讲述（或复述）他们的故事，而不必担心遭到评判。随着治疗师和求询者的关系逐渐深入，求询者可以通过讲述发掘出新的意义，他们真正成了自己人生故事的作者。心理治疗的本质就是，在抹去过去人生故事的同时，重新书写新的篇章。这同样也是创伤后心理成长的本质。心理成长的过程，就是重新建立叙事性理解的过程：理解厄运如何改变我们。而厄运本身，也成为我们新的人生故事的基础。

讲述故事不仅于个人有益，其疗效还可能涉及社群团体，甚至整个国家。请想一想越战老兵、性虐待和性侵犯受害者，还有犹太人大屠杀幸存者吧！想想创伤后应激障碍诊断给他们带来的帮助。创伤后应激障碍诊断认可了他们的“故事”，让他们获得了重要的社会认同感，从包围他们的冷漠和疏远中解脱出来。

“真相调查委员会”和“战争罪行法庭”之类的公众团体和公众活动，也是推动精神康复的一大助力。它们成立的初衷本就是维护公正。它们保护了创伤幸存者的人格尊严，让他们重新融入社会。最重要的是，人们可以在此找到同伴和支持者，找到改写人生故事的平台。他们可以通过参加这类团体或公众活动，让过去的人生经历变得有意义。

我在研究生涯中逐渐明白，对求询者不能拔苗助长。作为心理治疗师，我知道我无法改变他人。我能做的，是帮助求询者去了解他们自己。我可以与他们分享我个人的经验，可以提出建议。但是归根结底，只有他们才能决定自己要不要改变。也就是说，走向成长的动力来自求询者本人，治疗师对此无能为力。

可能有些创伤幸存者很难接受这个观念——如果他们的精神状况糟糕到极点，他们就特别期盼治疗师能伸出援手，“治愈”他们那已对生活绝望的内心。以鼓励成长型思维模式（growth mindset）为治疗手段的治疗师可能会发现，他们不得不面临这样的窘境：为了维持和求询者的友好合作关系，他们必须让求询者相信，自己能理解求询者的不健康的思维模式，否则求询者就会感到自己被背叛了。然而，治疗师要做的，不是随着求询者陷入不健康的思维模式，而是以循序渐进的方式巧妙指引求询者，让求询者自发地萌生改变的愿望。

一般来说，所谓心理治疗，就是为人们提供一个安全的场所，让他们慢慢摒弃旧有的观念和目标，描绘新的精神世界。它还能帮助人们直面自己，直面世界的真相。人可以自己选择是否参与心理治疗，但是我们无法选择创伤。创伤会如晴天霹雳般突然降临，把我们的精神世界撕成碎片。创伤给我们带来的“新信息”太真实也太有冲击力，与我们过去的认知太不相同，让我们无法忽视。这些源于自身的压力，都迫使创伤幸存者改变自我。

现在，创伤后应激障碍诊断已经成为无数专业心理援助工作者的赖以谋生的手段。临床心理医生为创伤后应激障碍患者提供收费服务，研究者埋头钻研创伤后应激障碍机制，医药公司积极研发新药物以治疗与创伤后应激障碍有关的心理疾病。我在本书中提出的一大观念是：创伤后应激障碍诊断可以说非常有用，因为它能让我们找出深受创伤折磨之人；但创伤后应激障碍的概念也有坏处，因为它让我们难以认识到，创伤其实也是促发人生转变的转机。创伤后应激障碍就如同硬币一样，有着正反两面，我们对任何一面都应该留意。

对于那些深受创伤后心理压力折磨的人来说，专业援助可以帮助他们回到生活的正轨。专业援助能教给他们新的压力应对技巧，让他们学会控制焦虑，处理创伤给他们带来的心理问题。事实上，如果人们在经历创伤之后陷入回避性思维，就无法凭一己之力来处理他们本应面对的问题，那么寻求专业援助可能是他们唯一的出路。他们还可能难以集中注意力，因此想不出自己该怎么办。虽然专业援助确实能帮助人们应对和控制自己的情感，但是论及创伤转变、理解创伤的意义，以及如何解脱、如何前行，还是需要当事人自己负起责任，决定自己该走哪条路，选择自己未来人生的去向。

新生

心理复原的 THRIVE 模型

本章将为读者提供一份详细的指南，介绍如何控制情感，以及通过 6 个步骤走向心理复原和创伤后成长。如果你是急需寻求支持的创伤幸存者的亲朋好友，本章也同样会给你带来帮助。

与创伤后心理压力有关的常见问题

下文列举了一些与创伤后心理压力有关的信息。读者可以将自己的反应，与其他承受创伤后心理压力的人常见的问题做个比较。在逆境面前，人的反应没有对错之分。就算遭遇同样的灾祸，不同的人也可能会产生截然不同的反应。每个人的反应都是独一无二的。并不是所有人都会遇到下面列出的问题，就算真碰上了，程度可能也不一样。

- **侵入性记忆。**侵入性的想法、影像和感觉会突如其来，让人措手不及。它们通常都与创伤性事件中真实发生的事有关，可能会让人心绪难定、精神难安。

- **栩栩如生的梦境和噩梦。**经受创伤的人可能会受到噩梦的困扰。和侵入性的记忆一样，这些梦境通常也与创伤经历有关。阿德里安·坦普尼（Adrian Tempany）是一次足球场踩踏事件的幸存者，当时共有 96 人在事件中不幸丧生。他这样描述自己的噩梦："我总是重复做同一个噩梦——我眼睁睁地看着人们的生命被挤出体内，我听到他们在尖叫哭号，我还听到骨头碎裂的声音。"

- **闪回。**经受创伤的人可能会经历"闪回"，仿佛创伤性事件再次发生。童书作者和插画师安东尼·布朗的父亲曾经参加过第二次世界大战。一次他的母亲回到家，发现他的父亲"正和吸尘器扭打在一起：他清醒过来之后说，他以为那是个德国鬼子"。

- **过度警觉。**创伤幸存者常常发现，自己太容易产生焦虑感，对危险往往太过警觉。在创伤性事件发生时，警戒反应机制能保护我们。但警戒系统一旦开启，就需要一段时间才能关上。所以创伤性事件过去之后，创伤幸存者常会发现自己对危险信号特别警惕。有些在创伤性事件发生前看来似乎纯良无害的东西，现在都成了危机的先兆。

- **惊跳反射更频繁。**创伤幸存者可能会发现，他们变得更容易"惊跳"。任何突然出现的声音和动作，都会让他们吓坏，比如汽车逆火的声音、房门关上的声音，甚至突然响起的电话铃声。

- **心理回避。**创伤幸存者常会刻意回避消极负面的想法，不愿思考事件的经过。

- **行为回避。**任何关于创伤的提示物，都可能会震动幸存者的内心，给他们带来很大的心理压力，引起警觉甚至惊跳反应。所以，很多幸存者都试图回避提示物，比如与创伤有关的想法、感受和谈话，以及人物、活动和地点这些能勾起他们回忆的东西。

- **情感麻木。**人在经历创伤之后，很可能会感到孤独和畏惧，难以表露自己的真实情感。他们的情感和精神世界一片黑暗。他们想不起曾经发生了什么。他们感到自己与他人之间多了一道厚重的隔阂，无法享受或者表达爱意。

- **远离社会生活。**创伤幸存者常会把自己封闭起来，拒绝他人的陪伴。有些人可能还会觉得，别人永远无法真正理解自己。如前所述，创伤可能会加强感情的联系，但它也可能会给人际关系带来伤害。家人和朋友需要了解创伤对人的影响。他们需要知道，经受创伤的人很可能会做出反常行为。

- **焦虑。**经受创伤的人常会感到恐惧和焦虑，有些人甚至还会惊惧万分——特别是在碰到提示物的时候。另外，很多人也有注意力难以集中的问题。

- **失眠。**很多经受创伤的人都感到难以入睡，或者睡不安稳。

- **羞愧。**在经历创伤之后，很多人会感到羞愧。这很可能是因为他们发现自己“也不是那么好”。出于羞愧之情，很多创伤幸存者会想要找个地方躲起来。

- **罪恶感。**很多创伤幸存者都会产生罪恶感——可能是因为他们在事件发生时的表现并没有自己过去想的那么勇敢；可能是因为他们的行为令自己或者别人深感失望。还有很多人仅仅因为活下来而感到内疚。这种现象被称为“幸存者罪恶感”（survivor guilt）。

- **伤心。**创伤幸存者可能会感到伤心难过，常常以泪洗面。

- **悲痛。**悲痛之情可能会令人难以招架。唐娜 - 玛丽亚·巴克（Donna-Maria Barker）12 岁的儿子死于一次炸弹袭击。她说：“（悲痛）一直与我如影相随，无论是早晨、中午还是夜晚……它就像一个大大的、黑色的斗篷一样罩在我头上，让我无法呼吸。”

- **情绪不稳定。**创伤幸存者可能会越发感到难以稳定情绪，容易对旁人发火。

- **愤怒。**幸存者常会对创伤事件表现出愤怒。如果他们感到某种不公的话，愤怒感就尤其强烈。

- **身体健康问题。**创伤幸存者可能会出现多种身体健康问题，比如战栗、颤抖、身体紧张、肌肉疼痛（特别是头颈部位）、乏力、心悸、呼吸浅快、头晕、月经紊乱和性欲丧失，还有恶心、呕吐和腹泻等肠胃问题。

创伤后成长的三大关键

如前所述，“创伤后成长”并不代表心理压力和生活困难会就此消失不见。这些问题都是人们在经历创伤或逆境之后经常会遇到的。创伤后成长的真正含义是，我们可以通过与逆境抗争，到达人生的彼岸；我们会变得更加坚强，对生命产生更深刻的理解。生活会改变我们。更确切一点说就是，面对生活抛给我们的厄运，我们选择的行为将会彻底改变我们的人生。

在创伤康复的过程中，有三条关键信息特别有用。第一条信息是，你并不孤独。第二条信息是，创伤是一个自然而正常的过程。第三条信息是，创伤后成长是一次人生旅程。

关键 1：你并不孤独

人在一生之中难免会遭遇逆境——无论是亲身经历，还是感受到亲朋好友的痛苦。总而言之，人不大可能一帆风顺、心无波澜地度过一生。创伤的磨难会降临到每个人头上，但是人们总倾向于认为他们是唯一一个。

诚然，每一种心理创伤都是独一无二的，这一点我毫不怀疑。每个人都有属于自己的独一无二的故事：社区里那位受人尊敬的已婚医生，有一个比她年轻 15 岁的秘密情人，虽然这件事没人知道，她却因为内疚而折磨自己；你前面那辆车里年轻的教师刚从医生那里回来，正走在回家的路上，他刚刚得知自己可能长了恶性肿瘤，要在本周内动一次大手术；收银台边的那位文静的中年女士，在 25 年前曾遭人强奸，她现在仍常常受到噩梦困扰；一旁那位年长的女士，她在过去 15 年里仍然常常想起她那死在腹中的孩子；那个跟你一起在银行排队等候的男人，始终无法忘记自己 5 年前在战场上的所见所闻，以及自己当时干了什么，回忆一直纠缠他不放。这些故事每一个都独一无二，但是它们有一点是相同的：它们都是心灵的创伤。

创伤幸存者应该了解的第一条信息是，他们并不孤独——这也是最重要的一条信息。他们应该知道，在这个世界上还有很多人和他们一样感到茫然无措，失去生活的目标，精神世界一片混乱。他们当然可以寻求帮助。在很多情况下，只要我们开始向人讲述自己的遭遇，我们就会发现，他们自己也有很多故事可以与我们分享。

关键 2：创伤是一个自然而正常的过程

在经历创伤或逆境之后，人们可能会深感恐惧和迷茫。他们可能还会承受沉重的创伤后心理压力，或者受到侵入性想法和影像的困扰。情感剥离、回避行为、焦虑和抑郁，都可能会一股脑儿地砸到他们身上。

人在经历创伤之后产生这些感觉非常正常。对于大多数人来说，这其实是创伤康复过程的必要组成部分。他们还可能会感到愤怒、羞愧、内疚、悲痛、伤心和忧愁，这种种感觉其实都再正常不过。引发这些感觉的都是与创伤性事件有关的想法和影像：发生了什么，我们或者其他人都做了什么，我们或者其他人如果能做什么就好了。这些念头在我们的头脑中飘忽游走，有时候平白无故地就突然从什么地方冒出来。侵入性的想法和影像无疑会给人带来莫大困扰，而且这些困扰难以摆脱。但是我们只需要记住：这都是人在创伤之后的正常反应。对于大多数人来说，随着时间流逝，这些感觉、想法和影像都会被逐渐淡忘。将这一点铭记于心，多少能给我们带来一点安慰。

关键 3：创伤后成长是一次人生旅程

我们不妨把创伤后康复的过程想象成一次人生之旅。我们迈出的每一步都充满痛苦；但如果我们裹足不前，痛苦就会更加强烈。在这趟旅程中，有人会发生创伤后成长。那些勇于直面悲剧、恐惧和逆境的人，常常会成长为更智慧、更成熟的个体，拥有更满足的生活——虽然他们可能也蒙受了巨大的损失，经受了常人难以承受的悲伤。不过，在这次人生旅程中，我们也应注意，不要给自己设下太难达到的目标。

成长之旅

这部分内容将进一步阐述关键信息的意义，同时为读者提供一些练习指导，也许能给您带来帮助和启发。您将会接触到许多需要思考的问题，了解到许多值得尝试的活动。

友情提示：有人可能会担心，如果他被要求回忆创伤经历，结果会很糟糕。所以在正式踏上旅程之前，我们总要做些准备：如果知道天气可能会变冷，就带上温暖厚实的衣物；记下紧急联络号码，以防遇到突发事件；可能还得带上一壶热咖啡，甚至一把手铲——如果需要，还能挖出一条生路来。所以，在继续之前，你可能要做些准备。

准备事项

你要知道的第一件事，是一条铁律：不要做任何你认为自己现在可能做不到的事。创伤记忆可能会铺天盖地汹涌而来，如果你感到情绪波动特别强烈、产生生理不适甚至惊恐，那么我建议你立刻停下来，不要继续进行本章的练习。等你逐渐平复下来之后再重新开始，但这一次你要掌握好自己的速度。在阅读本章的时候，你需要好好想一想我们将会提到的问题，想一想它们和你生活的关系。如果你感到情绪难以自持，你尽可以停下来，把书放到一边，先努力稳住心神。是你在控制这一切。多花点时间，尝试一下本书中提到的练习，多吸收新的观点。请一定记住，要把康复进程掌握在自己手中，这一点至关重要。有些事情，你现在可能还没准备好去面对。但过一段时间，等你有了新的提升、掌握了新的应对方法之后，你可能就做好准备了。

如果在旅程中遇到困难，你可以使用“安全岛想象法”（safe-place imagery）：想象一个让你感到安全和镇定的地方——要尽可能想象一个最能让你感到安全和镇定的地方。那可能是个真实存在地方，也可能只存在于想象中；可能是室内，可能是户外；可能有其他人在场，可能只有你自己。你要把全部注意力都集中于这幅画面。然后把注意力集中到你自己的身体上，让自己镇定下来。专注于镇定的感觉。最后，想出一个能够捕捉到这幅画面全貌的词，比如“沙滩”“树木”“山”。试着用这个词唤起你对安全环境的想象，从而镇定心神。

当我把这个方法介绍给求询者时，他们常常会表示怀疑：“想象自己站在沙滩上，对我能有什么帮助呢？”我解释说，每个练习，都是康复之路上的一个台阶。只是想象安全环境，当然不能解决任何问题，但是如果你能因此镇定下来，你就可以从容面对下一个挑战。你可以通过寻找自己的安全场所，学会镇定心神，学习控制自己的思想。

所以，不妨练习一下安全岛想象法吧！如果你遇到什么烦琐心事，正好可以借此机会练习——比如说在打印机工作到一半突然卡住的时候，在你找不到停车位的时候，在公交车晚点的时候。你主动碰触更大的麻烦之前，先习惯一下自己的安全环境。如果在刚开始尝试的时候发现自己难以集中注意力，你也不必担心：多尝试几次，你就会越来越熟练。

另一个行之有效的技巧是所谓“重力法”（ground yourself）。如果你发现自己变得越来越焦虑，一直在不停回想过去发生的事，或者如果你感到自己正逐渐脱离周围的真实环境，那么你就需要知道如何把自我带回现实。这就是重力法的用途。现在站起来，把身体重心向前倾，让脚底严密地贴在地上。你会感到自己的体重正把你的身体向下拽。这时候，打起精神，留意你的四周，仔细听一听周围的声音，然后描述你周遭的环境和身边正在发生的事——你可以大声说出来,也可以对自己小声低语:“我看见在我前面有一个杯子。它是红色的，上面印着一幅画，还有几个字。它放在一张桌子上，桌子上铺了一块黑白图案的桌布。桌子摆放在窗前。窗外有一个花园……”然后告诉自己：“我在这间房子里。那些都是关于过去的记忆。那些事情曾经发生过,现在都已经过去了。我是在此时此地。”

当然，你在练习过程中可能会发现更适合自己的话。如果你已经能够轻松完成这两个练习，那么你就为踏上旅程做好准备了。

自助指南：THRIVE模型

通过仔细研究人们在创伤后的心路历程，我们开发出“THRIVE 模型”。THRIVE 模型结合了创伤后心理压力应对的练习与积极心理学研究的最新成果，将帮助你踏上通往创伤后成长的旅程。你不但可以通过这些练习进行心理自助，还可以和你的治疗师携手合作。

在启程之前，请准备一个笔记本，写下你在做练习时的想法、反思和评论。

THRIVE 模型由 6 个步骤（或者叫“步骤指导”可能更妥当）组成，循序渐进依次展开：从知道自己准备好了，到真正改变自己的想法、行为和情感状态。完成旅程的关键，是在每一步中都积极学习新东西，并且不断练习，最终建立起自己的行为模式。THRIVE 模型的每个步骤指导都会为你提供一些可能会带来帮助的练习。但这些只是参考意见，你需要依据自己的情况做出选择。

- **步骤指导 1：自我评估（taking stock）。**清点一下自己的“架子”上究竟有哪些“存货”，还缺了什么需要补充。

- **步骤指导 2：孕育希望（harvesting hope）。**从自己身上发现希望。只有对未来充满希望，你才能看清脚下的路。

- **步骤指导 3：讲述新的故事（re-authoring）。**对自己讲述自己的人生故事，放开眼界，换个视角看问题。你对自己的看法，会从“受害者”变成“幸存者”，最后变成经过创伤洗礼而更加坚强的“成长者”。

- **步骤指导 4：发现变化（identifying change）。**密切注意在自己身上逐渐显露出来的变化。一旦发生积极变化，更需要详加留意。

- **步骤指导 5：评估变化（valuing change）。**继续培养发生在自己身上的积极改变。你可能会发现自己有了新的强项和才能，或者产生了新的兴趣——这些都是以前没有的。在培养积极变化的同时，也需要仔细评估，搞清楚这些变化到底是什么，而不是它们能给你带来什么。

- **步骤指导 6：以实际行动表明成长（expressing change in action）。**把成长付诸行动，让它们成为你日常生活的一部分。

这就是果壳中的 THRIVE 模型。[①] 你已经知道自己将会在这条路上遇到什么了吧。那么从现在开始，我们将详细讨论每个步骤的细节，告诉你如何将所学付诸实践。请特别铭记在心：只要感到不适或者焦虑，就想象一下你的安全之地，或者用重力法把自我带回现实。

步骤指导 1：自我评估

在经历创伤或逆境之后，你可能会感到情绪崩溃，无法控制自己的感觉。你可能会感到麻木、空虚、紧张、迷惘和精疲力竭，更何况与创伤有关的想法和记忆还不断前来骚扰，你可能会做噩梦，睡眠质量也很差。也许你还会感到自己与家人朋友日渐疏远，甚至与周围世界也逐渐脱节。也许你发现，借酒浇愁可以帮你应对创伤。你可能感到每一个爬起来工作的日子都充满痛苦。你可能会发现，你对过去喜欢的一切事物都失去了兴趣。

在这种时候，如果有人对你说，你应该“要看创伤的光明面”，你大概会立即把他们赶出去吧！看创伤的光明面，大概是你现在最不想做的事情。告诉某人他刚刚经历的创伤还有积极一面，也是一种极不尊重的行为。不仅如此，你可能还会发自内心地抵触康复和成长。人们需要花些时间来理解发生之事——无论需要多久。这一过程的关键是自我评估。每个人的心理调整速度各不相同。人们也都有不同的环境资源，不同的性格特质，以及不同的应对策略。有些人只要花几周时间，就能处理悲痛和创伤；有人则要花几个月，甚至好几年。那些在创伤事件中失去亲友的人，可能需要花更长时间才能从创伤的打击中恢复过来。

创伤事件会激活大脑中负责危机控制的区域，让我们无法理解发生之事。

① 语出莎士比亚名剧《哈姆雷特》：“我即使被关在果壳之中，也仍自以为是无限空间之王。”THRIVE 是模型中 6 个步骤的英文首字母缩写，单词本身也有“成长”的意思。——译者注

除非我们能在生理上迫使自己平静下来，否则我们几乎不可能修复创伤。我们首先需要缓和自己的情绪，把自己从创伤事件中剥离出去。这时候，家人和朋友可能迫切地想要为你提供帮助——你或许会相当感激。但是急于提供帮助的人必须知道，这时候当事人最需要的往往是安静和安全感。他们需要感到自己是安全的。

在创伤事件发生时，以及创伤事件刚刚过去之后，很多人会进入“自动导航”状态，继续如往常一样生活——他们会支付账单、确保孩子们的晚餐已经准备就绪……换句话说，他们可能会关注于生活中的每一项任务，而忽略了自己的内心。一位女士在失去丈夫后对我说：“太阳每天仍然会照常升起，每天的早餐都需要人去准备，工作也仍然要去完成。生活不会停下来等你。”经受创伤的人常常会觉得，他们用尽全部精力，只能完成那些最紧急的任务，除此之外再没精力兼顾其他。而他们的情感状态，就被归于“其他”之列。他们会想：情感问题需要处理吗？当然，但要再过些时候。

如果你正是如此，你就需要把注意力转移到自己身上了。首先，你必须进行一系列的自我评估。让我们一起来看一看，自我评估都包括哪些内容。

检查一下自己的人身安全

首先，你要确保自己的人身安全。你有没有把自己置于危险之中？在经历创伤之后，有些人的大脑会变得一片混乱，他们可能常把自己暴露于危险之中而不自知，比如忘记关掉某个家用电器、开车时心烦意乱不加留意、横穿马路时没看道路两侧是否有车……凡此种种。一般来说，这是因为他们无法集中注意力。但也有人是故意为之。

一位创伤幸存者这样说：“我知道我开车的时间太长了，我自己也精疲力竭，但有时候我就是不在乎。我想，就算我没有自杀，我现在拥有的一切总有一天也会烟消云散。”如果你正处于这样的状态，那么现在请你赶快放下书来，想想怎么能让自己脱离危险，并且不会对他人造成伤害。可不可以请一段时间的假？可不可以搬去和亲朋好友住？有没有可能在一段时间里改变一下日常生活习惯？如果你自己想不出什么好办法，或许你就需要向专业人士寻求帮助了。

检查一下自己是否能在需要的时候获得医疗、心理和法律援助

每个人所处的环境都不同。但每个人在精神脆弱的时候，都需要得到保护和帮助。创伤除了会对人的心理造成极大影响，还会带来一系列的严重问题。有些问题亲朋好友也许可以帮忙解决，有些问题则需要专业人士的帮助。向他人寻求援助并不是软弱的表现。在我们感情脆弱而周围又没有人能帮助我们的情况下，我们当然应该主动寻求支援。

检查一下自己是否饮食正常

健康饮食相当重要。你需要确保自己没有暴饮暴食，也要确保自己摄入了足够的卡路里。多吃水果和蔬菜，也要多喝水。尽量少吃加工食品，因为里面加了太多盐和糖。一顿健康丰盛的早餐很重要。在一天里多次少量进食，比晚上大吃一顿要好得多。

检查一下自己的睡眠够不够

对于经历创伤的人来说，入睡和保持睡眠状态可能都非易事。我在这里可以提供一点小建议：在傍晚和晚上不要喝咖啡；在睡觉前几小时里不要吃太多东西；不要躺在床上看电视；在睡觉的时候要把所有光源都关掉，让卧室保持完全黑暗。如果你卧室的窗帘不够厚，无法把光线挡在窗外，那么就去买个眼

罩吧！还有人发现，舒缓的音乐也能辅助睡眠。

如果上述建议对你都无效，你不妨再试试这个：列出 10 件你需要做的事（比如完成返税表格、清理浴室和清洁厨房的碗柜），但暂时先不做。在你上床之后，给自己 30 分钟时间入睡。如果 30 分钟过去了你还没睡着，就干脆爬起来去做你单子上列出的第一件事。如果你如期睡着了，但是在半夜醒来，而且在 15 分钟里无法再次入睡，你也可以爬起来去做单子上列出的第一件事。你可以在之后一段时间里照此行事。短短几周之后，你就会发现自己的睡眠质量得到显著提高。如果这样还不行，你就需要向专业医师寻求帮助了。

坚持锻炼

精神和身体是会相互影响的。你的身体状况一定会影响你的感觉，所以坚持锻炼很重要。你不必每天都去健身房，但是你应该保证每一天都能锻炼身体。开车可不可以改成步行？搭电梯能不能改成爬楼梯？根据你自己的身体条件，想一想怎么在日常生活中进行锻炼吧！

锻炼身体，可以让身体变得更健康。但它的作用不仅于此。运动还能暂时转移你的注意力，在你特别需要有个喘息机会的时候，让你的头脑放松一下。一位女士告诉我："我想依靠锻炼来保持身材。这让我有了一个关注点，让我不用再一直想着那些烦恼。"但是请读者注意：锻炼也要适度进行。它应该让你感到神清气爽，而非精疲力竭。

在生活中寻找你喜欢的事物，尽量保持你原来的习惯

人在经历创伤之后，很可能对什么都感到乏味，做什么都没有动力——这在创伤后压力人群中十分普遍。拿点时间出来，做些你以前喜欢的事，比如读书、修剪花木、听音乐、和朋友出去吃饭，或者在浴缸里泡一个温暖又奢侈的

澡。也许你还可以尝试点新东西。你可能不会像过去一样坚持习惯，但是也不要把小嗜好全部放弃。

练习放松

人们常常忘记呼吸的重要性。呼吸吐纳其实才是放松的关键。花点时间，集中精神，缓慢平稳地呼吸。呼气的时间要比吸气长。你在呼气的时候，要数到 11；吸气的时候，数到 7。早上你刚坐到车里的时候，不要忙着开车，先花几分钟来放松一下。每天划出一个固定时间调整你的呼吸速率。

另一个有助于放松的练习是“全身扫描”（body scan），练瑜伽的人常会用到它。你还可以靠它来辅助入睡。首先，你要以舒服的姿势坐下或躺下，把注意力集中到你身体的某一个部位上。你可以从脚趾头开始，问自己：“它们有什么感觉？”每次只把注意力放到一个脚趾头上，依次数过去。一个一个慢慢来。然后把注意力移到脚踝，那里有什么感觉？继续移动，以系统的方式游遍全身……腹部、胸部、手臂、手指和脖颈。请记住，动作一定要慢。你要在充分了解自己身体每一部位的感觉之后，再把注意力转移到下一个部位。你会发现，在这个过程中你已经逐渐放松下来了。我还有个小技巧：在你“扫描”某个部位的时候，可以稍微绷紧那里的肌肉，时间不需要太长，几秒钟就够了。这也会对你有帮助。

还有些人喜欢做“正念”练习。“正念”虽然也与呼吸有关，但与前面提到的呼吸练习完全不同，不需要做有规律的深呼吸。花 5 分钟时间，把注意力集中于你呼出和吸入的空气上。感受这气体，追踪它在你体内如何流动。不要试图改变气体的流向，只要慢慢感受正常的呼吸功能就好了。

另一种放松方式是，找个地方坐下来，把注意力集中到某样物体上。然后在你余光所及之处找出三样东西，只要能瞄到它们就好了。你尽可以慢慢找，但不能转过脸去，眼睛还是要看着最初的那个物体。然后请你闭上眼睛，留心倾听，找出三个声响。再睁开眼睛，找出你身体的三种知觉。重复这几个步骤，多练习几次。

如果你发现自己一开始很难集中注意力，也请不要担心，这完全可以理解。无论是谁，都需要经过反复练习才能掌握放松的技巧。与其埋怨自己，不如及时发现自己走神了，然后把注意力拽回到练习上来。

学会善待自己

人在经历创伤之后，可能会对自我产生怀疑。他们可能会不断想："如果我当时能做什么就好了"。他们当然要把事情想清楚，但是苦恼自责式的反刍不会给他们带来任何帮助。如果你发现自己就属于这种情况，不妨练习一下自我同情。（首先，先让自己进入放松模式。）

人们常发现，想象自己同情别人很容易，同情自己却很难。想象一下你所爱之人正在经受痛苦的折磨吧！你会有什么感受？如果他们的状态和现在的你一样，你又会有什么感觉？你一定会向他们表达自己的爱意、关心、理解和智慧。试着体会一下这些感觉。现在，想象你正面对着你自己，就好像你在看一幅肖像画。你脸上的表情，正是你对所爱之人表达同情时脸上流露的表情。想象你自己说话的语气。你的声音是什么样的？试着把关切的话大声说出来，就好像你在对所爱之人说话一样。仔细听，这就是你充满同情的声音。想想你会对所爱之人说些什么来表达你对他们的关心和爱意；想象你在帮他们想办法摆脱困境。你绝不会对他们横加指责。你会说些什么呢？你可能要多花点时间进行想象练习，多说几次你想说的话。

准备好后，你就可以把"同情别人的你"介绍给"承受痛苦的你"——那个自我怀疑的、逃避现实的你。试着将你给予他人的同情，也同样给予自己。

一旦你发现自己又开始自我怀疑，就立马进入自我同情的状态，给予自己同样的爱意、关心、理解和智慧。

在学会自我同情之后，你就有能力来自我平复，安抚自己躁动不安的威胁警报系统。这种能力对我们之后的旅程至关重要。但要掌握自我同情方法，也需要经过反复练习。你如果有个短暂空闲，哪怕只有 5 分钟，也可以把自己快速代入同情状态，练习向自己表达同情。有人觉得，人就应该对自己特别严格。对于他们来说，自我同情有悖于他们的原则。但说到底，自我同情不过是向自己表达爱意、关心、理解和智慧——这些感情你也同样会给予他人。

上述基本练习都是为你接下来的旅程打好基础，让你能够在创伤康复之路上继续前行。但是你还要记住最后一条守则：你是自己康复进程的唯一控制者，如果上文提到的任何一件事让你感到难以喘息，请立刻停下。在你休整完毕、重新上路之时，要对自己的速度更加留意。如果你觉得自己已经准备好了，你就可以开始面对自己的记忆，应对自己的情感。

了解应激源

很多事物都可能成为应激源，激发你的情绪反应——比如一年一度的节日。圣诞节、生日，还有其他许多有纪念意义的日子，都会给人带来极大的心理压力。故去亲友的诞辰和忌辰更是如此。另外还有一些不太明显的周年纪念日，比如说，一个人活到了他父母去世时候的年纪，或者父母看到孩子达到自己当年经受创伤时的年纪。

人们如果不了解周年性应激源，很可能就会认为自己的情绪反应是在突然之间爆发的，完全没有征兆。但如果你知道周年性应激源的话，也许这些突如其来的情绪反应看上去就不那么可怕了——它甚至可以被你置于自己的控制之下。

避免逃避

暂时不接触与创伤有关的一切，确实可能给人带来帮助。对创伤之事避而不谈，把回忆拒之门外，有时可以给人带来平静。但是这么做也有危险：如果回避的时间太长、次数太多，会让人陷入恶性循环——他们会更难开口谈论自己一直试图回避的东西，因而更难直面创伤。如此下去，人们会更倾向于封闭自我，更无法与困境抗衡，更别提处理情绪问题了。

很多人在经受创伤之后会选择逃避，不愿处理自己的情绪问题，反而求助于酒精和药物。酒精和药物也许能在很短的时间里让他们感觉良好，但是并没有真正解决问题，不过是把问题暂时隐藏起来罢了。过度依赖与酒精和药物往往也会给他们带来新的问题。

中国古代圣贤庄子（公元前 369—前 286 年）曾经写下这样一个故事：

> 人有畏影恶迹而去之走者，举足愈数而迹愈多，走愈疾而影不离身，自以为尚迟，疾走不休，绝力而死。不知处阴以休影，处静以息迹，愚亦甚矣！

大意是说，有人害怕并厌恶自己的影子和脚印，想要摆脱它们，就快步跑起来。但是他踏的步子越多，留下的脚印就越多；无论跑得多快，影子都不离身后。他觉得这是因为自己跑得还不够快，所以跑得更快，不愿停下，最后力竭而死。他不知道，只要走到树影里，影子就会消失不见。只要坐下不动，就不会出现新的脚印。真是愚蠢啊！如果选择逃避，我们就像故事里的那个人一样，试图以快跑来逃离自己的足迹——无论如何都不可能取得成功。

不带批判地观察自己的反应

人在产生糟糕的情绪之后，常会努力摆脱它们的影响。但认识到它们的存在和出现的意义，对我们来说也同样重要。与其立马摆脱它们，不如先观察一阵，做些了解。你可以问自己：“我现在有什么感觉？”如果你能准确分辨自己的感觉，你就可以着手以科学的方法处理它们了。

这件事看起来容易，做起来却难。人们常常无法准确区分自己的感觉，更别提用正确的词语加以描述了。要想真正理解情绪，我们需要付出足够的耐心和努力。但是我们在观察和理解情绪时，不能带着批判的眼光。不然的话，我们就会一心想要摆脱情绪的困扰，过早地结束练习。你可能还会责怪让你产生这种感觉的人呢。请记住，你要做的只是观察和理解。你对自己的批判越少，你就越能够理解自己。

直面创伤记忆和情感

与创伤有关的记忆和情感可能会让人无法承受，一心只想逃离此境，这完全可以理解。但是如果想要修复创伤，他们总有一天要面对自己的创伤记忆。每个人都是一个特殊的个体,每个人直面创伤记忆的方式也都不一样——也许你需要重游故地，或者重温某个特殊的情境。无论如何，不要逃避创伤记忆，这一点十分重要。

我在此提供一个有用的自助方法：闭上眼睛，在头脑中回想创伤事件，就好像那是一场电影。想象你在观察屏幕上的自己。要特别注意，电影开始于创伤事件发生之前，当时你还在一个安全的地方。如果你曾经遭遇车祸，你可能会看到屏幕上的你正走向事故发生地，事故随之发生。然后请再次回放这部电影。但是这一次，你要想象这部影片从结尾快速倒回事故发生之前的安全开始点。这一次，你要把自己置于电影之中，身临其境地观看和感受。完成这两步之后再睁开眼睛。

与他人建立联结

花点时间和家人朋友聚一聚。要做到这一点可能很难。人在经历创伤之后的第一个反应，往往是远离他人，封闭自我。所以你要抑制住这种本能的反应，调动起你的社会资源。但是你也应该对社会支援加以甄别。你需要与他人分享足够多的信息，才能让他们理解你——这就要求你足够了解他们。要知道，创伤能够改变一个人，但是家人和朋友或许并不会对我们的变化做出积极的回应。

家人和朋友当然希望你能过得好。但是你的变化很可能会破坏你们之间的关系。我们可以来看一看简的例子。

简在6年前离开了她的丈夫，因为他有严重的酗酒问题，已经威胁到他们的婚姻。她有一位同事兼好朋友西蒙，曾经在她最痛苦的时候给予了她莫大的支持。西蒙和妻子珍妮特常常邀请简来家里共进晚餐。简会告诉他们自己每一次约会的经过。但在她遇到罗伯特以后，情况就有点不同了——简觉得自己终于遇到一个可以共度一生的人了，她很希望能和他一起走下去。

一次她又接受西蒙的邀请去他家赴宴。她和罗伯特手挽手出现在西蒙家门口，期待能与朋友一起度过一个愉快的夜晚。她本来以为，西蒙会热烈地欢迎她的男伴，但她吃惊地感受到了西蒙对罗伯特的敌意。虽然宴会开始时气氛似乎还不错，但在几杯葡萄酒下肚之后，西蒙就开始取笑罗伯特的行头。西蒙一直以来都是简最亲密、最信赖的朋友，他自己也对此很满意。但现在他感受到了可能的威胁。西蒙在清醒过来之后，对自己的行为也十分惊讶，但是他并没有认真想一想，自己行为的变化究竟意味着什么。他也没有想过，这件事在不意间触动了他内心深处的情感。

我们所承受的一切，周围人也许未必能理解；就算他们能够理解，也不一定有足够的资源或者知识储备为我们带来帮助。因此，人们常常发现，与其向亲友倾诉，还不如和与自己有类似经历的陌生人交流。幸存者小组聚会的意义就在于此——不管这些小组是由创伤幸存者自己组织的，还是由专业心理服务人士组织的。如果组织得当的话，这些小组都能给人带来支持、归属感和关联感。不仅如此，你还有机会认识其他经历过类似创痛的人——你们可以从对方身上学到不少东西，因为你们都在努力治愈创伤，寻求改变。

情感解析

如果我们有一群愿意且有能力倾听的听众，而且他们还能给我们带来支持的话，那么我们当然可以向他们倾诉自己的感受。但有些人并不善于表达感情。我们可以先练习用语言来表述自己的感觉。有时候，人们虽然试图表达自己的感觉，说出来的话却是这样的："我就是感觉很糟糕。"无论是心理治疗师，还是家人或朋友，都可以通过技巧性的询问，帮助他们"解封"自己的感觉。下面这段对话也许能给你带来启发：

"你说的'糟糕'，是什么意思呢？"

"我不知道，就是感觉很糟。"

"好吧，咱们来分析看看。你说的'糟糕'，意思是不是焦虑和紧张？"

"是的，就是这样。"

"这就是全部了吗？还有没有其他意思？"

"我猜，我也感到愤怒。"

"还有别的吗？"

"我不想让我的家人担心。"

"所以，你说自己的感觉很糟糕，这里面其实混合了焦虑、愤怒和不想让家人担心的意思。还有别的吗？"

"我还感到很孤独。"

对话会如此继续进行下去。（以下是为提供帮助者准备的小建议：要做一个能帮人解析情感的好听众，你就需要在听他们说话的时候全神贯注。而且请记得，你要做的只是去理解他们，而非提供建议。）

想一想，你的情绪对你产生了什么影响

强烈的感情可以成为强有力的驱动力量。但也有人会陷入情感的牢笼，困囿其中只会有害无利。愤怒就是其中一例。我们有必要知道，何时应该愤怒，如何以恰当的方式来表达愤怒，以及什么时候应该放下愤怒。如果我们被愤怒之情奴役，我们就会做出自己在正常情况下不会做的事，之后又难免懊悔不已。还有一个例子是羞耻感，它会让我们在最需要他人陪伴的时候躲藏起来。总而言之，你需要知道，情感会驾驭你的行动。

不过，有些情感确实很难控制。如果你的车曾经陷在雪地里出不来，你就会知道，用力按加速器可以让轮子转得飞快，但这会让车子越陷越深。如果我们慌了神，很可能会狂按加速器，让情绪更加糟糕。这时候，我们需要以合适的力道按压加速器，让车子慢慢前后移动，最后才能冲出雪堆。我们在逆境之后需要做的，和这其实没什么不同。我们需要接受自己的真实情况。正如一位女士所说："回首过去，有时你可能感到太过痛苦，一心只想逃离……但你会达到另一重境界。你会学习，会成长，会接受那些我们无法改变的事情。"

我们可以来研究一下加拿大著名演员迈克尔·福克斯（Michael J. Fox）的案例。他在 30 岁时患上了帕金森病。他在个人回忆录《永远向前》（*Always Looking Up*）里写道，他在和病魔对抗期间，为美国自行车赛职业骑手兰斯·阿姆斯特朗抗击癌症的勇气鼓舞。他回顾了自己在患上帕金森病以前的生活，认为帕金森病是自己生命的转折点。他在书中写道：

> 它矫正了我的人生轨迹——我在患上帕金森病以后，不得不重新审视自己的一大生活陋习：酗酒。帕金森病并不是道路旁边一个小小的警示牌，而是高光探照灯打亮的大大的警告。我知道，如果这一切不曾发生，那么我永远不可能拥有现在的家庭，也不会过上现在的生活；如果这一切不曾发生，我也不会知道活着的意义是什么……只有一件事我无法选择：患病还是不患病。除此之外，我的选择是无穷的。我要如何面对疾病，决定权掌握在我自己手里。

我之所以能认识到这一点，是因为我能够接受它——这对很多人来说难以理解。接受并不等于放弃，也不等于不去寻求治疗。但如果你一心只想要逃离现状，或者试图改变厄运，你会发现自己是在徒耗精力而已。

关注你能做的事，并且为之努力

对帕特里夏来说，就算只是走到街上，也会让她惊恐万分。她告诉我：

从我踏出房门那一刻起，我就开始浑身发抖。好吧，我知道我还不能走到街上，但我能走到我的花园里。这听起来好像很容易，我却花了很长时间才认识到，我不能一直关注我不能做到的事，我要开始关注我能做的事。所以我在早上走到花园里，转了转，看看花，还坐在外面喝了一杯咖啡。我后来还开始做点园艺。我种了一些会开花的可爱的攀墙植物。这给我的生活带来了很大不同。我不再一直躲在屋子里，而是去外面为自己做一些有趣的事。我在浇灌花园的同时，似乎也浇灌了自己荒芜的心田。我能做并且想要去做的事情越来越多，我也越来越有自信。然后我就能走出院门，走到街尾……然后，来到这里。现在看起来，这几乎是真理了：我应关注于自己能够做到的事，而不是我不能做到的事。

帕特里夏也曾经一心只想着自己做不到的事。但是她后来认识到，这样只会让自己裹足不前。她真正需要的，是关注于她能够做到什么。

大笑与微笑

你现在可能完全不想笑，或者你可能觉得，在这时候露出笑容只会让别人认为怪异。但笑容确实能给你带来帮助。首先，无论是放声大笑或者淡淡微笑，都能给陷入忧虑的你带来一个喘息的机会。其次，微笑和大笑，可以体现人性的美好，也能给我们的社会带来好处。第三，积极的情绪非常重要，因为它能打散消极情绪的郁结。积极情绪能让我们打开思想和心灵，重新与社会建立联系。所以，去看个搞笑喜剧片吧！在每次遇到能让你微笑的事物的时候，不妨让微笑自然展露出来——即使你不想笑。

向过去学习

回首过去，我们都曾经历过大大小小的困境。想一想那些经历，还有你采取的应对策略。你可以问自己："当时帮助我的究竟是什么？"困境可大可小，不必拘泥于创伤事件。任何你曾经成功应对的困境，都可能会给你带来灵感，让你想到应对当前境况的新方法。仔细思考你曾使用过的应对策略，还有它们给你带来的帮助。

以上几点都将给你带来帮助，帮助你在创伤康复之路上继续前行。但如果你在掌握了这些基础知识之后，经过三个月的努力，仍然感到抑郁和痛苦，难以应对家庭生活和工作——那么你最明智的选择，就是去向专业人士寻求支援。

步骤指导 2：孕育希望

要想促发成长，人需要拥有在自己内心培植希望的能力。希望会成为引发改变的火花。所有的心理治疗师都知道，不管他们采用了何种治疗方法，如果求询者心中只有绝望，那么积极变化就难以萌芽。心理学研究也证明，心怀希望的人，无论是儿童、青少年还是成人，在学校里都能取得更好的成绩，在运动方面的表现也更好。不仅如此，他们还拥有更健康的身体，解决问题的能力也更强，而且更善于调整心理状态。所以你需要调整自己的思维习惯：从苦恼自责式的反刍，变成自省式的反刍。

但是创伤常让人感到绝望。它会让你在早上醒来之后，不愿开始新的一天；

在一天当中，难以维持精力；在想到未来时，除了陷入悲观之外，没有其他任何积极的想法。我们不大可能立即扭转自己的感受，但是你不必为此担心。你现在能够做的，是认定自己在未来的某一天会重拾希望。如果你能花点时间，积极进行下面的练习，我相信这一天将不再遥远无期。

别小看希望的力量

希望，是心理创伤治疗的秘方。如果你希望未来会与现在不同，那么你就已经走到正路上了。希望是你前行的动机。美国政治家爱德华·肯尼迪(Edward Kennedy)在 2008 年时被诊断出脑部肿瘤,医生说他马上就要死了。他写道:“我是个现实主义者。我在一生中已经听到过不少坏消息。我不期待，也并不需要别人给我套上羊皮手套，对我特别温柔小心。但我确实相信希望。我相信，带着积极的态度走向逆境，至少能给你带来战胜它的机会。如果你以失败的态度面对它，那么结果就只有一个：你注定会被打败。”

对未来怀有希望，并不意味着不在意创伤

对于痛失所爱的人来说，这一点尤为重要。请放心，虽然你的生活在未来可能会发生积极的改变，而且我们的目标也是鼓励你寻找希望，但这并不意味着你要忘记发生的一切。在寻求希望的时候，人们常常会遇到这样一个障碍：他们认为，如果要对未来怀有希望，就必须要忘记过去，忘记曾经所爱。约翰是一位父亲，他失去了自己十几岁的女儿萝拉。他说，他永远不想忘记她。他虽然承受着巨大的精神痛苦，但他认为，这充满痛苦的思念对他来说有着特别的意义。所以他认为自己理应承受痛苦。但是他也认识到，萝拉如果泉下有知，一定希望他能好好生活。如果你失去了一个亲密的伙伴，你很可能会对未来丧失希望。失去所爱的痛苦当然可以理解，但你也可以探索创伤更深层的意义。

给逝去的至爱写一封，也许能给你带来帮助。约翰这样写道：

亲爱的萝拉：

自从我们上次道别之后，已经过去一年了。马上又要到圣诞节，我非常想念你，任何文字都无法表达我对你的思念。对我来说，思考未来，想象未来的生活，是一件特别困难的事。每次我一念及此，就会不由自主地想起你，想到本应该发生在你生命中的事。我想象我们第一次一起去纽约，那里有好多你一直想去逛的商店；还有你未来的毕业典礼、你的生日和即将到来的圣诞节。没有你的生活，让我感到非常空虚失落。但我常会感到你就在我周围。我想让你知道，我爱你，而且我会一直爱着你。哪怕我只忘记了 1 秒钟，或者我对电视上的什么东西露出微笑，我也会感到无地自容。但我知道你不想让我这样。在我写这封信的时候，我似乎能听见你对我说：爸爸，我想让你好好生活……

寻找灵感：那些关于个人成长的故事

第 6 章中曾经提到，迈克尔·帕特森发现，飞行员道格拉斯·巴德的人生故事对他很有启发，给他带来了很大的帮助——帮助他鼓起勇气克服失去双臂的痛苦。寻找能够给你带来启迪的故事吧！也许你可以从下面这张书单开始：

- **迈克尔·福克斯**：《永远向前》；
- **爱德华·肯尼迪**：《心的指南针》（*True Compass: A Memoir*）；
- **纳尔逊·曼德拉（Nelson Mandela）**：《漫漫自由路》（*Long Walk to Freedom*）；
- **托马斯·伯根索尔（Thomas Buergenthal）**：《一个幸运的孩子：奥斯维辛幸存少年回忆录》（*A Lucky Child: A Memoir of Surviving Auschwitz as a Young Boy*）；

- **特里 · 韦特：**《选择信任》（*Taken on Trust*）；
- **维克多 · 弗兰克尔：**《活出生命的意义》；
- **伊丽莎白 · 库伯勒－罗斯和戴维 · 凯斯勒：**《人生的功课：生死学大师谈生命和生活的奥秘》（*Life Lessons: How Our Mortality Can Teach Us About Life and Living*）；
- **兰斯 · 阿姆斯特朗：**《重返艳阳下》（*It's Not About the Bike: My Journey Back to Life*）。

心怀希望，能让你唤醒自己的精神力量，想象一个更加美好的未来，认清前行的道路。希望感来自三种思维方式，分别是"目标设定"（goal setting）、"动力思考"（agency thinking）和"路径思考"（pathways thinking）：

- **目标设定。**创伤幸存者需要为自己设定目标。目标可大可小，大者比如拿一个大学学位、在公司获得升职、开一间自己的新公司、转职成为作家等；小者比如把车送去年检，或者去洗衣店拿干洗的衣服。无论目标大小如何，都能给人带来希望。
- **动力思考。**创伤幸存者需要拥有个人动力感，鼓舞自己向既定目标努力前进。他们不单需要拥有向目标靠近的动力，还要有维持动力的能力。
- **路径思考：**创伤幸存者需要知道，他们可以采用何种方法（或路径）达成自己的目标——他们也要知道，这条路上都有哪些岔道，半路上可能会遇到什么障碍，如何才能绕过障碍继续前进。另外，要想达成目标，他们可能还需要开发出一些特殊策略。

开始训练希望感

在开始训练之前，你首先需要学会将长期目标拆成许多小步骤和小目标。

就像那句老话说的，“千里之行，始于足下”，每一趟旅程，都必定始于你迈出的第一步。当然，所有事情都不可能一蹴而就，仅凭一步就能成功。所以我们应该把关注点转移到第一个小目标上。我们可以再来看一看帕特里夏的案例。

> 她不敢离开她的房子。走出家门，对她来说就是很大一步。后来她认识到，她可以先迈出一小步，走到花园里。这样一小步一小步累积起来，等到她树立起足够的信心之后，她就可以考虑去市区来个一日往返游了。她先在头脑中预演了几遍：走到火车站，买好票，坐上火车，计划一下到市区之后可以去逛哪间画廊。她还拟定了一份紧急后备计划，设想好如果自己遇到困难可以怎么办。一位住在市区的朋友主动提出，如果她需要帮助的话，他可以马上跳上出租车，在 15 分钟内赶到她身边。帕特里夏认识到，她不可能一举实现自己所有的大目标，必须一个一个来，而且要渐次进行。这给她带来了很大的帮助。

帕特里夏学会了以积极态度进行自我激励（比如对自己说“我可以做到”），并因此获得了前行的动力。儿童在学习新技能时，也会以极为相似的方式自言自语。我们也可以通过有意识的自言自语来激励自己。学习开车时，很多人都会对自己说这样的话：“看后视镜，发动汽车，再次检查后视镜。”你甚至可以通过练习自我激励来掌握新的康复策略。

在探索你的希望潜能之时，不妨先回想一下，你曾给自己设定过的目标。花个 10 分钟时间在笔记本上写一写你当年如何追寻目标，如何寻找路径，如何向目标不断前进。问问你自己：“我当时的动力是什么？”“我在这个过程中是怎么维持动力的？”“我使用了什么策略来达成目标？”“我当时如何了解自己向目标迈进的进度？”这样的练习不妨多重复几次，它很可能会给你带来帮助。

在回忆自己的人生故事时，你会意识到，自己已经拥有了跨过障碍所必需的资源。逆境常能激发我们过去沉睡的力量和潜能。但最重要的还是，你将通过设定目标、确认路径、维持动力，找到希望思维的门径。但你也不要期望它立即就能帮你解决自己的全部问题。请记住，希望思维对你来说是一项新的技能，学习新技能当然需要时间。

奇迹设想

有时候，人们很难发现自己真正想要追寻的目标是什么。在这时候，心理治疗师一般会使用“奇迹设想”提问法（miracle question）。奇迹设想法是这样的：心理治疗师会让求询者在晚上睡觉前想象他们身上发生了一个奇迹，到第二天早上他们醒来的时候，一切就会变好。等他们睡醒之后，心理治疗师会让他们回忆具体是从何处感知到奇迹发生了。

花点时间想一想你的答案，这会帮助你确定自己的目标。在完成奇迹设想练习之后，你就对自己真正想要追寻的目标有了更为清晰的认识，也就可以进一步思考之后的计划了——寻找能带你到达目标的路径，掌握能驱使你不断前行的动力。

调动社会支持力量

亲密的人际关系能给人带来希望，此言不虚。希望，可以说是亲密的人际关系中不可或缺的一部分。而希望的种子，又能让你收获更多希望。充满希望的家庭和朋友关系，是传递希望的桥梁。你可以自己做一番评估，哪段关系帮助你寻获希望，哪段关系榨干了你寻求希望的能量。你需要知道，谁会支持你追寻目标，谁会成为你的阻碍，谁又能鼓励你越过希望之途上的路障。

畅想未来

当年维克多·弗兰克尔还是纳粹死亡集中营的囚徒的时候，有一天，伴随饥饿而来的虚弱和疾病让他瘫倒在地。集中营的看守喝令他站起来，但他完全做不到。于是看守开始打他。弗兰克尔躺在地上，大脑中忽然产生了对未来的幻想——在战争结束后的维也纳，他站在演讲台上，正在发表一篇关于死亡集中营心理学的演讲。那真是一场出色的演讲！他想象自己向台下听众描述自己当年如何躺在地上遭人拳打脚踢，然后又挣扎着重新站起来——他在向假想的未来观众描述此情此景的时候，想象自己站了起来，开始行走。然后在现实世界里，他真的站了起来，离开那个暴打他的看守。

就算是在最黑暗的岁月里，人也有可能找到希望。希望，让我们把现实与未来联系在一起——在那个光明的未来里，我们已经战胜了逆境。是什么给予了弗兰克尔力量，让他能重新站起来？是想象自己发表演讲吗？不仅如此。更重要的是，他看到了值得自己活下去的未来。

你对自己的未来有何展望？在一年之后，你认为自己会做什么？ 5 年之后呢？你可能一时还无法回答这些问题，你现在一心只想能早日摆脱目前这种焦灼的状态。但是畅想一下你打算在未来做点什么，也能给你带来帮助。要想象得切实一点。你喜欢做什么，什么事情能让你心跳加速？你有没有可能通过某种方式帮助他人？什么能让你对未来产生期盼？在畅想未来的过程中，你可能会发现，自己正在和许多重大的人生问题较量，试图理解人类更深邃的性灵。

步骤指导 3：讲述新的故事

戴维·凯斯勒是临终关怀领域的领军人物。一天他在癌症病房值夜班时，和一位护士聊起来。她的一位病人刚刚离世——那个星期她刚刚度过自己的 60 岁生日。护士感到痛苦极了。她告诉戴维，她不知道自己还能不能再承受这样的痛苦。戴维拉着她的手，把她带到医院的另一侧，那里是新生儿的育婴室——在玻璃墙后面里，有许许多多刚刚降临人世的新生命。他说：“你是一名护士。你应该常来这里看看，提醒自己生命里并非只有失去。”戴维帮助她改写了对护士工作的理解。

改写的起点，是我们开始思考自己和创伤的关系。语言的作用非常重要——我们到底是受害者、幸存者还是成长者？我们对自己的描述方式不同，效果也会很不一样。“受害者”代表了被动、失败和无助。“幸存者”则说明一个人已经突破逆境，重新开始经营自己的生活。而“成长者”走得更远，这个词代表了积极、掌控和希望。成长者不仅已经突破逆境，而且看到了创伤的本质，从中发掘出生命的价值和意义。你在想到“成长者”的时候，脑中能立即反应出哪些词语？花几分钟来想一想，“受害者”、“幸存者”和“成长者”这些名词都能让你想到什么词？哪些词又能用来描述你自己？

改写人生故事的目的，是修改我们对自己的认识，把自己从“受害者”变成“幸存者”，最后变为“成长者”。但是，我们要怎么才能把自己变为“成长者”？要知道，“受害者”、“幸存者”和“成长者”的角色，并不代表固定的本性，而是指不同的思维模式。我们都可以发展出“成长者”的思维模式——只要决定去做。

发展成长型思维模式

成长者是这样一群人：他们能改写自己的人生经历，为自己讲述新的故事。成长者拥有成长型思维模式。成长型思维的意思是，人可以发生改变。拥有成长型思维模式的人，会把变化视为个人成长的契机。他们在讲述自己的故事时，可以多角度地看待自己的身份、创伤的内容以及谁该负责任。他们能够变换视角看待事物，甚至问自己一些难以启齿的问题，也会产生不一样的认知。

改写故事就是要讲述一个新故事：关于你是谁，创伤性事件在你生命中扮演的角色，以及它如何成为你人生旅程的一部分。这是一个关于创伤性事件如何融入你的生命的故事。生命无比复杂，看待事物的方式也多种多样。有些人的思维有足够的弹性，习惯于考虑不同的可能，他们更容易变换视角来看待事物。我们的最终目的还是理解自己，这是一次持续一生的旅程。在旅行的过程中，我们会写下自己的人生故事。生命的意义并非固定不变，每个人的理解各不相同，甚至每一天、每小时的理解都可能有所变化。在改写人生故事时，对我们来说最重要的，是掌握在过去、现在和未来之间建立联系的能力——也就是从不同角度看待过去的能力。

不过，一旦对事物的理解已经成型，我们就很难再产生新的看法。下面这个例子就说明了这一点：

问：你怎么称呼从橡子长成的树？

答：橡树。

问：你怎么称呼一个有趣的故事？

答：笑话。

问：青蛙会发出怎样的声音？

答：呱呱叫。

问：鸡蛋的白色部分是什么？

答：______________

明智地使用隐喻

我们需要明智地使用隐喻，因为错误的隐喻会限制我们的思维。人们习惯于用隐喻的方式进行思考——不管他们有没有注意到。如果想要发生改变，你就需要对自己使用的辞藻多加留意。有时人们会陷入自己编织的牢笼不得解脱。经受创伤之人常会说些这样的话：

- “我感觉自己就像一只被关在笼子里的鸟。”
- “我感觉自己被笼罩在大雾之中。”

- “就好像这房里所有的门都被封上了。”
- “就好像迷失于黑暗的森林。”
- “就好像在逆着风浪游泳。”
- “就好像正站在悬崖边缘。”
- “就好像坐在一条小船上，没有船桨，我只能随波逐流。”
- “就好像在坐过山车一样。”

隐喻是我们行动的指南。在上述隐喻之中，有没有最符合你的情况？或者你有自己的隐喻？花几分钟时间，想一想你会用什么样的隐喻来描述自己，以及它们如何在你讲述的故事里占据一席之地。

要想把自己从创伤中解放出来，你需要以创造性的方式来调动想象、故事、类比和隐喻。你要知道：就算是牢笼，也有可以开启的门；大雾终究会有散去的一天；如果外面一片漆黑，我们可以等到太阳升起之后再出去；如果搭上回潮的海浪，我们就能回到海岸……我们讲述的故事，常常会把我们禁锢。但是只要动用一点想象力，我们也能把自己从牢笼中解放出来。

第 5 章里提到的琳恩，在丈夫离开她之后无法修复心伤，不能很好地应对工作压力，她很怕自己会丢掉工作。她为此备感焦虑、恐慌和抑郁，于是约见了她的全科医生。医生听她讲述了自己的故事，略一沉吟，告诉她：“从这番话听起来，你就好像是一壶快要煮沸的热水。”陷入抑郁的琳恩，从此把自己和这个隐喻锁在一起。这个隐喻似乎很符合她的情况。她开始服用抗抑郁药物，因为医生告诉她，抗抑郁药能帮助她抚平心绪。琳恩当时觉得这说法很有道理。

几个月后，我向她问起当时的情况。她说：“我确实感到好些了。但是我在工作上遇到的问题仍然没有解决。我觉得药物治疗确实能让我感觉变好，但我认为，它作用的方式是让我感受不到周围发生的一切，让我不知道自己究竟应该做些什么。我完全没有做任何努力来改善我的状况。我仍然不知道我是否可以保住工作，我只是看上去不那么担心了而已。事实上，我觉得我应该更担心一点才对，但是我没有。”

我告诉琳恩，人为何选择隐喻，隐喻又如何操纵人的行为。她点了点头说：“我之前没这么想过。但是我不敢确定，你的意思是不是说，医生不该说我就像一壶将要煮开的水？”“这不是我的意思，”我回答说，“在你当时的情况下，医生使用这个隐喻，意在解释他为何会认为药物能给你带来帮助。但是别人可能会用不同方式来遣词造句。比如说，为什么不把水壶从灶台上拿开呢？为什么不把煤气关掉呢？这是人们在开水沸腾之后通常都会做的事。那么你想怎么做？”

琳恩想了一会儿，说道：“我想我需要休假，离开几星期。我其实是可以休假的，我不知道为什么我之前没想到过。我想我需要好好休息一下，花点时间把事情理清楚。我要把水壶从灶台上拿下来，放在旁边冷一冷。”然后我请她再想一想，可不可以用其他隐喻来描述她现在的状况。她很快就想到一个。她想象自己乘木筏顺流而下——忽然之间，小船撞入激流。我问她：“然后你打算怎么办？”她回答说：“基本上什么也做不了，只能勉强坚持而已。”“好的，那么它说明了什么呢？”我们的谈话更加深入了。她提出的解决方法包括，更好地调动社会支持力量，自学冷静和放松技巧等等。我们还研究了其他一些隐喻。“你正徒步走在树林之中，忽然前面无路可走，你不知道该往哪个方向去。”琳恩在解读这个隐喻时花的时间稍微长了一点，“在迈克尔离开之前，我觉得我未来的人生走向十分清晰。但现在我必须找出一条新路，决定自己将何去何从。我必须找到自己的路。”

很多心理治疗师都会为求询者提供隐喻方面的建议，帮助他们理解自己的创伤经历。这样做当然可能会给求询者带来好处——但也可能带来坏处。我们应该知道，隐喻只是我们反思过去经历的工具——它可以让你从全新的角度看待事物，并寻求新的解决之道；但它也可能不会。琳恩的案例告诉我们，我们需要有意识地选择自己的隐喻，这一点十分重要。我们需要搞明白，我们怎么借助这个隐喻来理解自己的创伤经历，怎么用它去指导下一步的行动。

读者们不妨多尝试几种隐喻。很多人都会使用树木、树苗、荆棘和森林的意象——或者郁郁葱葱，或者营养不良，或者果实累累，或者黑暗幽邃，或者枝繁叶茂，或者枝叶稀疏。花几分钟时间，借助其中一个意象来描述你现在的状态。然后想一想，你要改变这个意象可以做何行动。枝叶稀疏的树木，会在夏季到来之时再次长满绿叶。只要你不断走动，茂密的荆棘总有一天不能再阻挡你的去路。

表达性写作

我们还可以用书面方式改写人生故事。首先找一张白纸，写下困扰你的烦心事。写个 10 分钟左右就停笔。在接下来的 7 天里，每天都重复一次。把它当成是某种仪式。在写作的时候，你需要找一个能让你感到舒服的地方，能让你暂时告别日常生活的烦嚣。

你不妨变换一下写作风格，比如说你可以试着从他人的角度来描述发生在你身上的一切。你还可以写一封不会寄出的信，或者写一个童话故事——开头先写上“很久很久以前……”然后连续写作 10 分钟，中间不要停笔。

等你回过头来再看这篇童话故事的时候，就可以边读边问自己：这故事的主角是谁？是公主还是王子？是邪恶的女巫还是魔法师？想一想这些人物可能代表了什么。这篇童话故事真正讲述的又是什么？是与邪恶势力为战，还是研究如何逃跑？主角如何应对？他们采取了什么策略，调动了哪些资源？是什么给他们带来了迎接挑战的力量？这故事的结局如何？你可以借由这些问题的帮助，获得前行的动力；你还可以由此了解新的康复方式，加强自己对创伤的抗性。

在接下来的一周时间里，你每天都要重复这一过程，在想象力的帮助下从不同角度看问题。请记住，拿起纸和笔，立即开始写，中间不要停。想到哪就写到哪，不管你想到的是什么。写 10 分钟以后就停笔。不但要养成书写的习惯，而且每一次都要认真想一想，你为什么会写下这些文字。表达性写作练习能帮助你从新的角度看问题，在事物间建立起新的联系，发现新的意义。

步骤指导 4：发现变化

人在经历逆境之后，常会发生积极改变——虽然有时候这变化很小。我们不妨把创伤想象成一面又厚又结实的篱笆，上面还布满尖刺。它看似不留缝隙，任何一缕阳光都无法穿透。但如果你站得足够近，你就能看到在它的庇护下生长出来的美丽的野花。个人转变与之类似：它根植于创伤之中，但很容易被人忽视。人们需要依靠自己的力量来促发成长——我们应该开始以积极的态度，寻找能发生积极变化的机会，这一点尤为重要。我们可以通过一系列的反思练习来发现变化。

记录每天的点滴好事

在一天即将结束的时候，花 10 分钟时间回顾这一天的生活。即使是看似毫不要紧的小事，也有其重要的价值。

- “我今天注意到，我听到了孩子们的笑声。我感到很愉快。若在过去，我想我一定不会像现在这么在意。我以前会视它为理所当然。”
- “在我今天去商店买报纸的时候，那位店员女士对我微笑了，我也微笑回应。我想我以前从来没有认真注视过她。”
- “在今天的会议上，就算争论如何激烈，我也没有像过去那样怒上心头。我发现我现在比以前冷静多了。”
- “今天，一些小事似乎不再像过去那样困扰我了，我似乎已经能够关注大局。”

- “我去医院探望我的兄弟。我很替他难过，但是我也感到我和兄弟的感情变得更亲密了。”
- “我总觉得我今天没法照计划做下来，但我成功了——虽然我很紧张，但我还是参加了会议，而且我觉得我在讨论中提出了不少有用的东西。”
- “我的伴侣今天对我说她爱我。我很高兴知道自己为人所爱。”
- “我今天去了商店。对我来说这是个很大的成就。我很为自己骄傲。”

你还可以养成写日记的习惯，记下那些你感觉最好的时刻，记下你为什么会感觉良好，记下对你来说最有帮助的应对策略。你会发现，记录自己的成长过程能促发更大的成长。

在感到抑郁或焦虑时，你就特别需要寻找积极的经验，肯定自己的积极面。但是到了这个时候，正向思维和记忆可能转瞬即逝，很容易就被我们错眼遗漏。所以我的建议是，坚持写日记，练习梳理自己的经验和情绪。刚刚开始的时候，你可能写不出什么积极的想法。但就算是这样，也请你每天坚持。在几周之后，你写下的正向经验就会越来越多。本书第 4 章中提到的玛丽女士这样告诉我：

> 在我刚开始记日记的时候，我觉得这不会给我带来任何帮助。如果我的生活中真有什么好事的话，我当初也不会来向你寻求帮助了。但在一个星期以后，我惊讶地发现日记本上有几页已经写满了字。我每晚都会读一遍。它让我知道，我很好，我已经走在康复的路上了。

你还可以通过第 7 章提到的“创伤后心理幸福感变化问卷”（PWB-PTCQ）来记录自己的心理成长进程。创伤后心理幸福感变化问卷旨在评估你在 6 个方面的改变：自我接纳、自主性、生活目标、亲密关系、掌控感和个人成长。该问卷一共包括 18 道问题，把每道题的分数全部加起来。最低分是 18，最高分是 90。如果你的总分超过 54，就说明你表现出了一定程度的创伤后成长。问卷共包括 6 个单项，每个单项的分数范围是 3~15。如果你的得分在 10~12 之间，就说明你在这一方面发生了一定程度的积极变化。如果得分在 13~15 之间，就说明你在这方面的积极变化较大。那么，你在哪一方面发生的积极改变最大呢？

当然，你也可能在某些单项上得分小于 10，这也完全可以理解，毕竟我们在不同方向上的发展速度各不相同。PWB-PTCQ 问卷并没有什么“正确”的答案；它的设计目的，是让你了解自己当前在心理成长上的进度如何。你可以从这 6 个方面来衡量自己的状态，了解自己如何一步一步发生改变。请以两周一次的频率填写 PWB-PTCQ 问卷，并记录下自己的答案。

步骤指导 5：评估变化

如同种子需要水分和阳光才能生根发芽，你在确认积极变化之后，也要通过精心培养才能促其萌发。生活教给你了什么？你在日常生活之中，要如何利用这些宝贵的知识？你能做得更好吗？当然，我相信确实有人能够诚实地说，他们对自己现在的生活状态已经十分满意，认为它不可能变得更好了。但这样的人毕竟只占少数。对于我们大多数人来说，如果我们对自己足够诚实，我们就会认识到，自己并没有竭尽所能，过上更明智、负责、仁爱和成熟的生活。

现在花点时间想一想，什么东西能给你的人生带来意义？你看重的究竟是什么？你的目标又如何？在你经历创伤或逆境之后，这类问题可能就会从你心底冒出头来。其中有些问题我们已经在之前讨论过，还有些问题可能会让你忆及多年以前的童稚时代——你可有什么心怀已久、始终不愿放弃的爱好和目标？是不是有些你曾经认可的目标，如今已经失去了价值？个人转变并非易事，因为它意味着你不得不发生改变。它并不会让你的感觉变得更好，但它会给你的生活带来新的意义，让你发现新的价值，改变你思考自身的方式，改变你对目标的追寻。

试想一下：有一天你忽然醒来，发现自己置身一个荒无人烟的小岛。你知道你要在这岛上度过余生。花几分钟来想一想，你最想念的人是谁，你最怀念的地方和活动又是什么？把这些人、地和事都记在笔记本里。

现在请想一想，你以前和这些人待在一起的时间有多少？你又花了多少时间去你怀念的地方，做你怀念的事？写下你每星期用在这上面的时间，再写下你希望能达到的时间。等你回过头来看这张单子时，你很可能会发现，在你真正花掉的时间和你希望达到的时间之间，有一条巨大的鸿沟。现在，选择一个人，一个地方，一件事。向自己承诺，从现在开始要在这三方面投入更多精力。你可以给自己写一封保证书。

承受着失去之痛的人可能会觉得，他们不应该关注自身的幸福感——这甚至可以说是一种极不尊重的行为。这种感情当然可以理解，特别是对于那些痛失所爱的人来说，这种厌恶感可能分外强烈。但是，珍惜现在所有，并不代表你对逝者的爱意就会减少分毫。请好好想一想。如果你先于深爱之人死去，你难道不希望那个人继续好好生活？

约翰·哈维曾经研究过失去亲友的痛苦。正如他指出的那样，如果我们能够反思自己从所爱之人身上学到了什么，然后找到某种方法将之传达给他人，那么我们就离成长不远了。成长的种子并不醒目，它常常混杂于日常生活小事之中。

> 曾有一位男士告诉我，他现在比以前更加珍惜和孩子们在一起的时光。“珍妮今年6岁了。周六的时候，她让我帮忙为她的保姆做一张生日贺卡。我当时很忙，勉强答应下来。但是我很快认识到，这正是我以后会特别怀念的时光。所以我决定要好好珍惜这个机会，我很快就集中起全副精力，听她差遣。她让我把纸裁成小片，舔星星贴纸后面的背胶，把颜料印到贺卡上……一个小时以后，我们完成了这世界

上最漂亮的贺卡，它承载了无与伦比的爱意。它看起来一点都不像商店里卖的那种贺卡，也无法与之相提并论。但是，天呐，它真是太别致了。到了周日，珍妮自豪地把这张贺卡送给了她的保姆。我很高兴自己能见证这一时刻，并且也尽了自己的一份力，与女儿一起完成了这件特殊的杰作。现在想想，如果在珍妮向我寻求帮助的时候，我推说自己太忙了，我会错过多少好事啊！”

我们在每一天都可能会遇到这样的特殊时刻。它们可能会以任何形式出现。但如果我们看不到这些特殊时刻的重要性，我们就很容易让它们从指缝里溜走。懂得珍惜的人，会采取与不懂得珍惜的人截然不同的行动。他们的应对策略也更具备适应性，他们更愿意寻求社会支持，采用积极策略来重新解释创伤事件。而他们采用的有适应性的康复策略，又能进一步帮助他们应对心理压力。

感恩练习

从现在开始，在每天即将结束的时候花 5 分钟来记录感恩，坚持一个月。写下那些让你心怀感激的东西。想想这一天都发生了什么值得感激的事——无论是小事（比如同事帮你泡了一杯茶），还是大事（比如朋友提出要帮你重新装修房间）。回忆你当时的感激之情。把感恩培养为日常的习惯。

假想失去

假想失去（但并没有真的失去），也同样能给你带来帮助。但是这不是一件令人愉悦的事。很少有人会愿意细数自己尚未失去之物。所以我们在做假想失去练习时，需要付出不少努力。可是通过这个练习，你能学会珍视你现在拥有的一切。虽然它可能会给你带来不安，但它是帮助你确认自己深层价值观的最有效的工具。

英国作家查尔斯·狄更斯在小说《圣诞颂歌》(*A Christmas Carol*)里讲述了守财奴埃比尼泽·斯克鲁奇(Ebenezer Scrooge)的故事。斯克鲁奇是个极其吝啬的人，他一生唯一的爱好就是不断积累财富。他在圣诞前夜遇到了3个圣诞精灵[①]。他在过去精灵的强迫下，见到了自己已逝的亲人和失去的至爱；他在未来精灵的引导下，知道了自己以后会失去什么，甚至看到了自己的死亡——他变成了一具孤零零的冰冷的尸体，他看到陌生人在瓜分他的财富。人们纷纷说，他生前心中就从来没有过爱意。未来精灵还带他来到自己的墓穴。他用手指触摸那镌刻在墓碑上的自己的名字……然后他变了。他在圣诞节早晨醒来，恍然大悟：他应该珍视自己和外甥的关系——这是他活在世上的唯一亲人；他也学会了同情，决定大大增加他助手的薪水，还为助手贫寒的家庭送去一只火鸡；他学会以愉悦之心拥抱生活——这在他的人生里还是第一次。

研究者受到斯克鲁奇的启发，开发出这样一个练习：想象自己的墓碑。在你未来的墓碑上，会刻些什么字？这个练习能帮助你找到对自己来说最重要的东西。先暂时放下书，花几分钟想一想：如果你明天就要死去，你的墓碑上面会写些什么？上面会出现什么字眼？你希望它们出现在你的墓碑上吗？如果你不喜欢那些词，请写下你想要在墓碑上刻下的东西。请花几分钟时间好好想一想。如果你想要进一步思考这个问题，你还可以给自己写一份令你满意的讣告！

步骤指导6：以实际行动表明成长

我们不能只局限于在头脑中以积极的方式重构经验，还必须以实际行动来表明我们的成长。换句话说，我们需要把心理成长付诸实践。回过头来看一看

① 即“过去的圣诞精灵”、“现在的圣诞精灵”和“未来的圣诞精灵”。——译者注

自己的“创伤后心理幸福感变化问卷”记录，想想你具体做过什么事，能证明你已经开始接纳自己、发展出自主性、发现生活目标、改善亲密关系、获得对生活的掌控感，还有找到个人成长之路。你是通过什么方式来表达成长的？成长的苗头往往首先从小事中显露出来：

- “我在昨天的工作会议上发言了。虽然我知道有人可能会表示反对，但我仍然坚信自己的观点。若在从前，我就不会这么做。”
- “我上周回家之后发现热水器漏了。我没有惊慌，而是很有效率地解决了问题。我对自己大为惊讶——我居然能做到这样的事！”
- “我在周日为丈夫精心准备了一顿丰盛的晚餐，以此来表达我对他的爱意。”
- “我买彩票中了一个小奖。我拿出其中一半，送给了那位为癌症募捐的女士。”
- “这事让我感到很紧张……但我最终鼓起勇气报名参加夜校，从头开始学习画画。”
- “我参加了慈善长跑，为治疗儿童心脏病募捐。”

心理成长不应只存在于头脑之中。有什么具体的行动能帮助你把心理成长带入现实生活？注意与成长有关的细微之事，通过它们来了解自己——你的长处、能力和智慧。每周腾出一点时间来，回顾一下过去一周里发生的事：你可曾成功地把心理成长付诸行动？找些例子出来，它们很可能是些日常生活的小事，就和我刚刚提到的那些例子差不多。这个练习还能帮助你计划下一周的行动。

你在这一周都做过什么好事呢？不管它们看上去是多么的微不足道，它们也能证明你比以前更能接纳自我、更有自主性、更有目标感、更注重亲密关系、更能掌控生活，也更认同个人成长。你下周还打算做点什么，来巩固你在个人成长上取得的成绩？在接下来的一周里，你要如何通过个人或社会性的活动，以新颖而有创造性的方式来表达自我成长？你能否借助自己的经验，为他人做些好事——为你的家人、朋友，甚至整个社群？

请牢记这6个步骤——评估自己的状态，在自己身上发现希望，以积极的态度改写你为自己讲述的故事，发现变化，评估变化，最后以积极的行动来表明成长。你将会发现，成长的种子已经扎根在你的内心之中。

结 语

那些受过的伤让我们勇往直前

在童话故事《绿野仙踪》（*Wizard of Oz*）里，桃乐丝、铁皮人、稻草人和狮子最终打败了邪恶的魔女，回到翡翠城。翡翠城里的奥兹国大魔法师（The Great Wizard）曾经答应他们，如果他们能打败邪恶的魔女，他就可以实现他们的愿望。桃乐丝希望能回到自己在美国堪萨斯的家，铁皮人希望拥有心脏，狮子渴望得到勇气，稻草人梦想拥有大脑。桃乐丝和她的伙伴们震慑于大魔法师洪亮的嗓音，他们恳请他兑现承诺。这时候意外发生了——桃乐丝的小狗弄倒了角落里的屏风，露出了大魔法师的真实面目——一个矮小的老头。他用腹语术说话，用绳子和杠杆来控制桃乐丝和伙伴们先前看到的人偶。所谓的大魔法师不过是他虚假的伪装，就如同朦胧的烟障，或者镜中的虚像。

大魔法师发现自己的伎俩被戳穿了。他辩解说："我不是一个坏人，我只是一个笨拙的魔法师。"但是桃乐丝和伙伴们坚持说，他必须履行自己的承诺。于是大魔法师在稻草人的脑袋里塞满针和大头钉，在铁皮人的身体里放了一个用锯末和丝绸做成的心脏，送给狮子一种能变出勇气的魔药。他虽然不懂魔法，但却是一个智慧的人。他知道，智慧、爱心和勇气这些关乎人性的品质，不能由外人给予。他送给他们的其实都是无用的东西；但他在给予他们大脑、心脏和勇气的时候也告诉他们，他们经过重重考验和磨难，早已得到了自己苦苦追寻的东西——他们渴望得到的东西，一直都存在于自己身上，只是他们没有意识到而已。在历险中，稻草人已经展现了他惊人的头脑，铁皮人显示了他的爱心，狮子也证明了自己的勇敢。他们不知道自己从大魔法师那里得到的只是象征性的礼物。他们因为得偿所愿而兴奋得手舞足蹈。

我们常常就像铁皮人、稻草人和懦弱的狮子一样，满心欢喜地期待别人能替我们解决问题。但是问题的解决之道，其实存在于我们自己的内心。在我们与心理问题抗争的时候，专业人士也许能为我们提供建议，从旁协助。他们可以教给我们新的应对技巧，还能耐心倾听我们说话。他们是经验丰富的向导，但他们不能告诉我们生命的意义是什么，他们也不能帮助我们改写自己的人生故事……这一切，都得由我们自己来完成。

我们在日常生活中会碰到许多问题，我们往往必须向经验更加丰富的人寻求帮助——小事比如修理水管，大事比如接受医生治疗。在某些方面，我们可能确实必须倚赖专家之力，但这并不意味着我们在心理进步方面也必须依靠专业人士的帮助。心理治疗研究者都知道，对于心理治疗来说最重要的是，求询者究竟是带着何种想法来的。这要看他们寻求改变的决心，他们在离开治疗室后坚持练习的恒心，还有他们积极应对困难的努力——是积极应对，而不是一味逃避。

最终，我们都会因为承担起自己的责任而从中获益。维克多·弗兰克尔相信，正是这种勇于承担责任的态度，在纳粹集中营里造成了生存和死亡的差别。虽然集中营的环境对于任何人来说都恐怖至极，但并非所有人的反应都一样：

> 现在回过头来再看，我越发体会到，集中营的囚徒以后会成为怎样的人，是个人自我决定的结果，而不单纯只受到集中营环境的影响。因此，就算是在最艰难的环境中，人也能决定自己将成为怎样的人——不管是在心智上，还是在灵

> 魂上。就算是身处集中营里，他也能保留自己作为人类的崇高精神……那就是灵魂的自由——这自由是任何人也无法剥夺的。它给生命带来目标，带来意义。

如今，创伤后成长理论已经吸引了全世界学者的注意。其最核心的问题是，我们必须从两个截然相对的角度来理解创伤—— 一方面它充满黑暗，另一方面它又能带来光明。毋宁说，它是积极与消极、失去与满足、痛苦与成长的辩证。正反两种力量常常一起出现，彼此交锋。我在研究积极心理学的过程中，开发出了许多应对创伤的方法。它们的设计目的，并不单纯是帮助人们应对心理压力和困境；它们还能为有需要的人提供指导，帮助他们改善心理功能，过上更美满的人生。正如我在第 1 章中所言，我写作本书的目的，并不是帮助创伤幸存者把精神状态从 –5 变成 0，而是从 –5 变成 +5。

但是，积极心理学的治疗方法仍然受到部分批评者的指摘。他们误解了创伤后成长的真实含义，认为积极心理学理论鼓动人们拒绝现实，甚至让他们满心欢喜地臣服于不幸脚下，或者因为自己没能康复而自怨自艾。如果批评者攻击的目标是很多当前十分流行的自助书刊，他们其实所言不虚。但是本书与之截然不同。本书的观点全部基于科学研究的证据。研究显示，人们在面对逆境时，需要：

- 直面现实，而非拒绝承认；
- 接受已然发生的不幸事实，而非甘心臣服；
- 为自己今后的生活负起责任，而非因命运多舛而自怨自责。

很多人都曾亲身践行过上述原则，比如美国著名的国际法和人权专家托马斯·伯根索尔。他曾经这样描述自己少年时代第一次来到美国，准备开始新生活时的经历：

> 当时我正站在轮船护栏旁边，为这座城市的夜空深深惊艳——绚烂的灯光照亮了夜空，也照亮了城市的夜晚。但是忽然之间，我仿佛又被送回奥斯维辛，看到红褐色的烟雾从焚尸炉的烟囱里滚滚升腾。我曾经经历的一

> 切——凯尔采（Kielce）[①]、奥斯维辛、死亡行军（Death March）[②]、萨克森豪森（Sachsenhausen）[③]……它们都从我眼前闪过。在那个时候，在那个地方，我意识到，我永远无法把自己从过去的枷锁中完全解放出来。我过去经历的一切，已经永远地改变了我的人生。但我也知道，我绝不能任由它削弱瓦解我开启新生活的勇气。我的过去将会指引我走向未来，并赋予它特殊的意义。

伯根索尔在自传《一个幸运的孩子》中，讲述了自己在纳粹集中营里度过的童年岁月。1939年时，他们一家人决定逃离捷克斯洛伐克，取道波兰前往英国。但他们乘坐的火车遭到德国炸弹袭击，逃亡英国的计划也随之流产。他们不得不和其他难民一道，步行前往凯尔采。他们在那里生活了4年，随后被送往奥斯维辛。在苏联军队进入波兰之后，纳粹德国驱逐囚徒撤离奥斯维辛。年仅11岁的伯根索尔被迫和父母分离，与其他两个男孩一起，从奥斯维辛开始了著名的"死亡行军"，而没有像其他儿童一样直接被执行死刑。伯根索尔挨过了死亡行军，随后被送往德国境内的另一个集中营——萨克森豪森。他在行军途中冻伤的两个脚趾后来被迫截去，但是他在好心人的帮助下活了下来，直到战争结束。重获自由之后，他先是被错认为波兰天主教徒，被波兰军方收留，后来才被送往一座犹太人孤儿院。

伯根索尔从自己的亲身经历中学到了关于人性的宝贵知识，因而后来得以将自己的心理痛苦化为行动的力量，成为联合国人权委员会成员及海牙国际法庭法官。他一生致力于抗击卢旺达和波斯尼亚的种族大屠杀。他在《一个幸运的孩子》中如是写道：

> 我童年的经历对我产生了潜移默化的影响，让我成为现在的我，让我成为一名国际法教授、人权律师和国际法庭的法官。我的过去，最终引领我走上维

---

① 位于波兰境内的犹太人集中区。——译者注

② 1944年秋至1945年4月，随着轴心国的节节败退，纳粹德国驱使数千名囚徒从位于战争前线的集中营步行至德国境内，途中有无数人丧生。——译者注

③ 纳粹集中营，位于德国柏林附近。——译者注

护人权的道路——现在看来，这个选择似乎显而易见。但当时做出选择的时候，我不知道自己是否想到了这一点。如果说我的过去让我成了一名出色的人权律师，那是因为我深知人权遭受践踏者的痛苦——这理解不只限于头脑，而且发自内心深处。我的每一寸骨头，都能感受到人权受侵犯者的痛苦。

我想通过本书告诉读者的是，我们必须在创伤的黑暗与光明之中找到恰当的平衡。

黑暗与光明

从一方面来说，要想从创伤中康复，就必须对创伤后应激障碍保持警惕，因为它会让我们形成某种固定的思维模式，阻断我们的康复之途。这就要求心理治疗师必须训练有素，及时察觉求询者的创伤后应激障碍征兆，否则几个月的精心治疗将全然无功。若真发生这种情况，不但治疗师本人会困惑不解，求询者也会满怀失望和不满黯然离去。不过，求询者在内心深处可能也松了一口气——因为创伤后应激障碍诊断的标签，对一般人或者说大多数人来说都是避之唯恐不及的东西。更不幸的是，现在占据主导地位的心理创伤理论往往认为，创伤后应激障碍患者是“一生都将患有心理疾病的无助的受害者”。人们习惯于相信专家所说的一切。这么来看的话，人们继续坚持对创伤后应激障碍的陈旧看法也就毫不奇怪了。

然而事实上，创伤后应激障碍并不是一个持续一生的病症，它描述的是人在生命中的某个特定时期所经历的一系列生理和心理问题——如果我们以正确的方式来理解它的话，它也可以成为创伤后成长的引擎。但是这台“引擎”可能会过热。在它过热的时候，我们需要暂时停下来，检查散热器、节温器、水泵和防冻液。我想借这番隐喻说明的是，在我们与创伤交锋的时候，我们需要积极学习情绪控制和自我调节的策略，从而及时抚平心绪。

创伤后心理压力，是创伤后成长的引擎。为缓解创伤后心理压力而进行的心理治疗，可能会在不经意间阻碍心理成长。如果认识到这一点，我们就会更明白引擎理论的奥妙。引擎理论虽然看似天马行空，但其实值得深入思考。特别是在如今这个时代，医药行业正一心研发减轻创伤后应激障碍症状的特效药。如果说创伤后心理压力有可能成为创伤后成长的前提，那么它必然会成为一个重要的研究课题，需要深入研究和考虑。

你可以选择坦然接纳心理压力，承受它带来的痛苦和烦恼，因为我们知道，它将指引我们走向更满意的生活；当然你也可以选择吞下一颗神奇的药丸，让它带走你的全部记忆，带走你人生中的所有痛苦和烦恼，但你将无法获得更满意的生活。那么，你会选择哪条路？从另一方面来说，我们也必须注意，不能给自己或他人的创伤后心理成长限定目标。经历创伤之人要想摆脱它的负面影响，必将经过一番艰苦卓绝的努力。

我并不是说，如果人们没有感到积极变化，他们就无法成长。毕竟，我们并不是生活在真空里，我们的思想和行为，必然会受到周围环境的影响。虽然我相信人在经历逆境之后会自然而然地向成长的方向迈进，但是我也知道，人要想自己独自面对一切绝非易事。所以说，我们还必须让社会、政治、医学和法律机构认识到创伤的正反两面。我们需要让整个社会、整个国家的人都能了解，人为何会对创伤产生心理韧性，为何会发生创伤后成长。这对全人类来说都有极其重要的意义。不但如此，这还事关政府在重大灾难、事故和恐怖袭击之后如何进行最有效的心理干预，让大范围人群产生心理韧性，促发成长。

创伤后成长不仅会惠及个人，还会改变整个国家的面貌。曼德拉在监狱中度过了 27 年漫长岁月，后来成了世界上最受尊敬的政治家之一。他在自传《漫漫自由路》中写道：

> 种族隔离制度给我的国家和人民带来了深重而长久的创伤。我们可能要花很多年时间，甚至要经过几代人的努力，才能愈合这道深深的伤口。但是

过去几十年来的压迫和残酷，也产生了始料未及的影响，那就是它给我们这个时代带来了无数位像奥利弗·坦波（Oliver Tambo）、沃尔特·西苏鲁（Walter Sisulu）、鲁图利酋长（Chief Luthuli）、余素夫·达都（Yusuf Dadoo）、布拉姆·费舍尔（Bram Fischer）和罗伯特·索布奎（Robert Sobukwe）[①]这样的人——他们拥有超乎常人的勇气、智慧和善良，可能再也没有人能像他们那样伟大。也许只有特别深重的苦难，才能让人性如此崇高。

我们既是独立自主的个体，也是社群和社会的成员，我们必须知道这样一个关于生命的恒久不变的真理：创伤和逆境不可避免。如何才能培养心理韧性、促发成长？这一定是未来几年我们迫切需要理解的问题。另一个关于生命的真理是，我们都被自己过去的鬼魂紧追不放。我们对过去的记忆将会永远地改变我们，由我们的过去激发出的强烈感情，将会让我们对生命产生新的理解。这是我们的天性使然。

既然创伤时刻都有可能到来，那么我们就更需要知道自己该如何生活。在创伤来临之时，我们必须做好准备，培养心理韧性，准备好与残酷的现实正面相对。我们要为积极改变保留一颗开放之心，以智慧来借助痛苦的力量，踏上心理成长的旅程。

① 奥利弗·坦波是曼德拉的同学和朋友。他在1951年与曼德拉共同创办律师事务所（Mandela and Tambo），后来成为非洲人国民大会（简称“非国大”）的核心人物。沃尔特·西苏鲁和鲁图利酋长都是非国大元老。余素夫·达都是南非著名的共产主义者和反种族隔离活动家。布拉姆·费舍尔是曾为反种族隔离人士积极辩护的著名律师，因此入狱11年。罗伯特·索布奎也是著名的反种族隔离斗士。——译者注

WHAT DOESN'T KILL US

THE NEW PSYCHOLOGY OF POSTTRAUMATIC GROWTH

致　谢

首先我要感谢许多卓越的学者和临床治疗专家为理解创伤而做出的不懈努力。正是因为他们的杰出工作，我们现在才能如此深入地了解创伤的影响，以及如何为经历创伤之人提供帮助。科学研究和学术探索都是集体性的工作。我在本书的写作过程中参考了不少学者的论述，在此想特别致谢劳伦斯·卡尔霍恩教授、维克多·弗兰克尔、马蒂·霍洛维茨、罗尼·加诺夫-布尔曼、卡尔·罗杰斯和理查德·特德斯奇。他们关于创伤、心理学和积极心理变化的研究对我本人产生了很大影响，也为本书的写作铺平了道路。

还有很多人为我写作本书提供了更直接的支持。我很荣幸能在这里对他们表示感谢。我要特别致谢凯文·达顿（Kevin Dutton）和伊莱恩·福克斯（Elaine Fox）这两位好友，没有他们的积极参与、启发和鼎力协助，我不可能完成本书。

另外要感谢代理人 Peter Tallack 和 Zoe Pagnamenta；感谢编辑，Basic Books 出版公司的 Lara Heimert，她让我得以专心写作创伤后成长的科学；还有利特尔 & 布朗出版社的 Anne Lawrance，她鼓励我将实践练习写入本书。我还要感谢在幕后默默为本书提供支持的人。感谢出色的文字编辑 Brandon Proia；感谢 Christine Arden 和 Nancy King 耐心细致地为我校阅书稿。他们帮我理顺了蹩脚的语句，大大提升了本书的可读性。我还要感谢 Perseus Books

出版社的本书项目负责人 Melissa Veronesi。她一以贯之地为我提供指导和支持，直到本书最终出版。感谢 Piatkus 出版社的 Zoe Goodkin 为我提供的编辑协助，还有 Anne Newman 的再次校阅。她为本书的练习部分提供了不少建议。

我最想感谢的，是那些愿意与我分享他们人生故事的人，特别是迈克尔·帕特森和特里·韦特；我要感谢我在书中提到的其他故事的主人公，虽然我隐去了他们的名字；我还要感谢所有在过去许多年里参与我研究工作的人。

写作是一件孤独的事，所以特别感谢那些拨冗阅读本书草稿的朋友和同事，本书提到的观点在我们之间引起了广泛的讨论。我在此想特别致谢 John Durkin、Lynn Hendrickson、Vanessa Markey、Lynne McCormack、David Murphy、Eleanor Pardess、Steve Regel、Claire Stone 和臧寅垠。也要感谢曾与我一同进行创伤相关研究的学生们，我在本书中引用的很多研究，都曾得到他们的协助。还要感谢所有在过去几年里来到英国诺丁汉大学参与创伤研究项目的人，以及其他许多创伤相关研究项目中与我携手合作的朋友和同事。名单实在太长，就不一一列出他们的名字了。我要感谢他们和我进行的所有那些热烈的讨论。特别向 Alex Linley、Hannah Stockton、John Maltby 和 Alex Wood 致谢。

写作本书并不是一项遗世独立的工作。我同时还参与了许多其他工作和活动，比如教学、研究和临床治疗。所以我要感谢我过去和现在在“创伤、心理韧性及成长研究中心”（Centre for Trauma, Resilience and Growth）的朋友和同事。特别致谢 Liz Edwards，她让我得以顺利开展研究工作。感谢我在诺丁汉大学的朋友和同事。容我不能在这里向他们一一致谢，但我要特别感谢其中几人：Saul Becker、Belinda Harris、Nigel Hunt 和 Hugh Middleton。

最后，我还要感谢曾经指导过我博士研究工作的比尔·尤尔（Bill Yule）和露丝·威廉姆斯（Ruth Williams）。那已经是 20 多年前的事了，但我现在仍然对这两位导师充满感激。他们第一次带我进入创伤研究领域，为我的博士论文提供了宝贵的指导。

积极心理学向我们证明了感恩的重要。我发现，我受到他人的影响愈大，我就愈加心怀感激。所以我要再次感谢所有我在这里提到的人，还有其他我未能提及姓名的朋友、同事和学生。

WHAT DOESN'T KILL US

THE NEW PSYCHOLOGY OF POSTTRAUMATIC GROWTH

译者后记

在美剧《犯罪心理》中，连环杀手佩罗塔告诉犯罪行为分析员哈奇他童年时饱尝家庭暴力的痛苦。他将自己后来的人生归咎于童年的创伤，因此断言："所有小时候受过虐待的人，以后都会变成连环杀手。"但是哈奇说："不，只有一些人长大后变成了连环杀手……还有一些人长大后变成了抓他们的人。"

并不是每个人都经历过坎坷的童年，但是古往今来，鲜有人在生命中不曾遭遇艰苦和磨难、不曾体会创伤的滋味。创伤的形态多种多样，个人的感受也不尽相同。校园暴力、朋友背叛、亲人离世、婚姻破裂、疾病、难产、自然灾害、交通事故，都可能给我们的心灵留下难以愈合的伤口——这也是"创伤"这个词语的本意。创伤让经历者悲伤，让幸存者产生负疚感，让记忆不断闪回，让噩梦频繁出现，让人过度警觉、无法忘怀。但是，创伤不一定会毁掉人的一生。逆境可以成为孕育心理幸福的土壤，创伤后应激反应也可以是个人成长的引擎。

这就是作者史蒂芬·约瑟夫博士想通过本书传达的理念。什么是创伤后成长？科学家发现，人在经历创伤事件之后，可能会改善人际关系，改变对自我的看法，甚至转变自己的人生观念。有人说，他们更加重视友情和亲情，更有归属感，更渴望亲密的联系；有人说，他们认识到了个人的弱点和局限，更懂得感激；还有人说，他们更加珍惜每一天的时光，更清楚什么是生命中最重要的东西，在经历创伤之后过上了更有意义的生活。

早在 20 世纪末，就有科学家开始关注创伤后的积极心理变化。他们提出了许多测量心理成长的方法，比如约瑟夫博士的“态度改变问卷”和“创伤后心理幸福感变化问卷”，卡尔霍恩和特德斯奇的“创伤后成长量表”，还有帕克等人的“压力成长量表”（Stress Related Growth Scale）。在这些工具的帮助下，科学家通过大量研究发现，创伤后成长并不是少数人的例外，而是一个普遍现象。研究者调查了交通事故、自然灾难、人际关系问题、疾病和其他悲剧性的人生经验，发现了一个惊人的结论：幸存者中有 30%~70% 的人说，他们体会到了某些积极的变化。

本书作者约瑟夫博士，是英国诺丁汉大学研究心理学、健康和社会关怀的教授，多年来一直致力于积极心理学、心理治疗和精神创伤相关项目，是创伤后成长领域的先锋人物。他发现，那些在经历创伤之后努力恢复生活原状的人，精神状态往往大不如前；而勇于接受创伤、改变自己、接纳新生活的人，会变得更加坚韧顽强。假设精神世界是一个美丽的花瓶，创伤会把它摔成碎片。就算把碎片重新拼成花瓶的原貌，你也无法消去上面的裂痕，你的花瓶远比过去更加脆弱。已经发生的事情无法改变，但是你可以改变未来。你可以捡起花瓶的碎片，拼出一幅漂亮的马赛克镶嵌画。约瑟夫博士认为，创伤后成长的关键在于我们对创伤的理解。我们需要从过往的经历中寻找意义，因为它能给我们带来前行的力量；我们需要自己承担起心理康复的责任，留心积极的变化，把自己引向恢复和成长之途。

创伤后成长的概念已经改变了现代心理学和精神病学对创伤的传统看法。越来越多的科学家开始研究痛苦带来的转变；越来越多的精神科医师开始以这门新科学为蓝本，帮助人们实现心理康复。但是本书不仅仅是一本写给心理学家和精神科医师的科学读物，也是一本写给普通人的实用手册。如果你正在经受痛苦，你可以从本书中得到益处；如果你所爱的人正在遭受创伤的折磨，你也可以在本书中找到帮助他们的办法。

在翻译本书的过程中，我得到了许多朋友的积极帮助。他们慨然担任我的小白鼠，亲自试验书中的测量问卷；他们也和我一起探讨书中的理论和模型，实践自助指南中的练习。我想在此特别感谢魏旻萱、方海朝、李桐、何洁和谢婷，感谢他们的慷慨、敏锐、信任、耐心和陪伴。

未来，属于终身学习者

我这辈子遇到的聪明人（来自各行各业的聪明人）没有不每天阅读的——没有，一个都没有。巴菲特读书之多，我读书之多，可能会让你感到吃惊。孩子们都笑话我。他们觉得我是一本长了两条腿的书。

——查理·芒格

互联网改变了信息连接的方式；指数型技术在迅速颠覆着现有的商业世界；人工智能已经开始抢占人类的工作岗位……

未来，到底需要什么样的人才？

改变命运唯一的策略是你要变成终身学习者。未来世界将不再需要单一的技能型人才，而是需要具备完善的知识结构、极强逻辑思考力和高感知力的复合型人才。优秀的人往往通过阅读建立足够强大的抽象思维能力，获得异于众人的思考和整合能力。未来，将属于终身学习者！而阅读必定和终身学习形影不离。

很多人读书，追求的是干货，寻求的是立刻行之有效的解决方案。其实这是一种留在舒适区的阅读方法。在这个充满不确定性的年代，答案不会简单地出现在书里，因为生活根本就没有标准确切的答案，你也不能期望过去的经验能解决未来的问题。

而真正的阅读，应该在书中与智者同行思考，借他们的视角看到世界的多元性，提出比答案更重要的好问题，在不确定的时代中领先起跑。

湛庐阅读 App：与最聪明的人共同进化

有人常常把成本支出的焦点放在书价上，把读完一本书当作阅读的终结。其实不然。

时间是读者付出的最大阅读成本

怎么读是读者面临的最大阅读障碍

“读书破万卷”不仅仅在“万”，更重要的是在“破”！

现在，我们构建了全新的“湛庐阅读”App。它将成为你“破万卷”的新居所。在这里：

- 不用考虑读什么，你可以便捷找到纸书、电子书、有声书和各种声音产品；
- 你可以学会怎么读，你将发现集泛读、通读、精读于一体的阅读解决方案；
- 你会与作者、译者、专家、推荐人和阅读教练相遇，他们是优质思想的发源地；
- 你会与优秀的读者和终身学习者为伍，他们对阅读和学习有着持久的热情和源源不绝的内驱力。

下载湛庐阅读 App，
坚持亲自阅读，
有声书、电子书、阅读服务，
一站获得。

倡导亲自阅读

不逐高效，提倡大家亲自阅读，通过独立思考领悟一本书的妙趣，把思想变为己有。

阅读体验一站满足

不只是提供纸质书、电子书、有声书，更为读者打造了满足泛读、通读、精读需求的全方位阅读服务产品——讲书、课程、精读班等。

以阅读之名汇聪明人之力

第一类是作者，他们是思想的发源地；第二类是译者、专家、推荐人和教练，他们是思想的代言人和诠释者；第三类是读者和学习者，他们对阅读和学习有着持久的热情和源源不绝的内驱力。

CHEERS

以一本书为核心

遇见书里书外，更大的世界

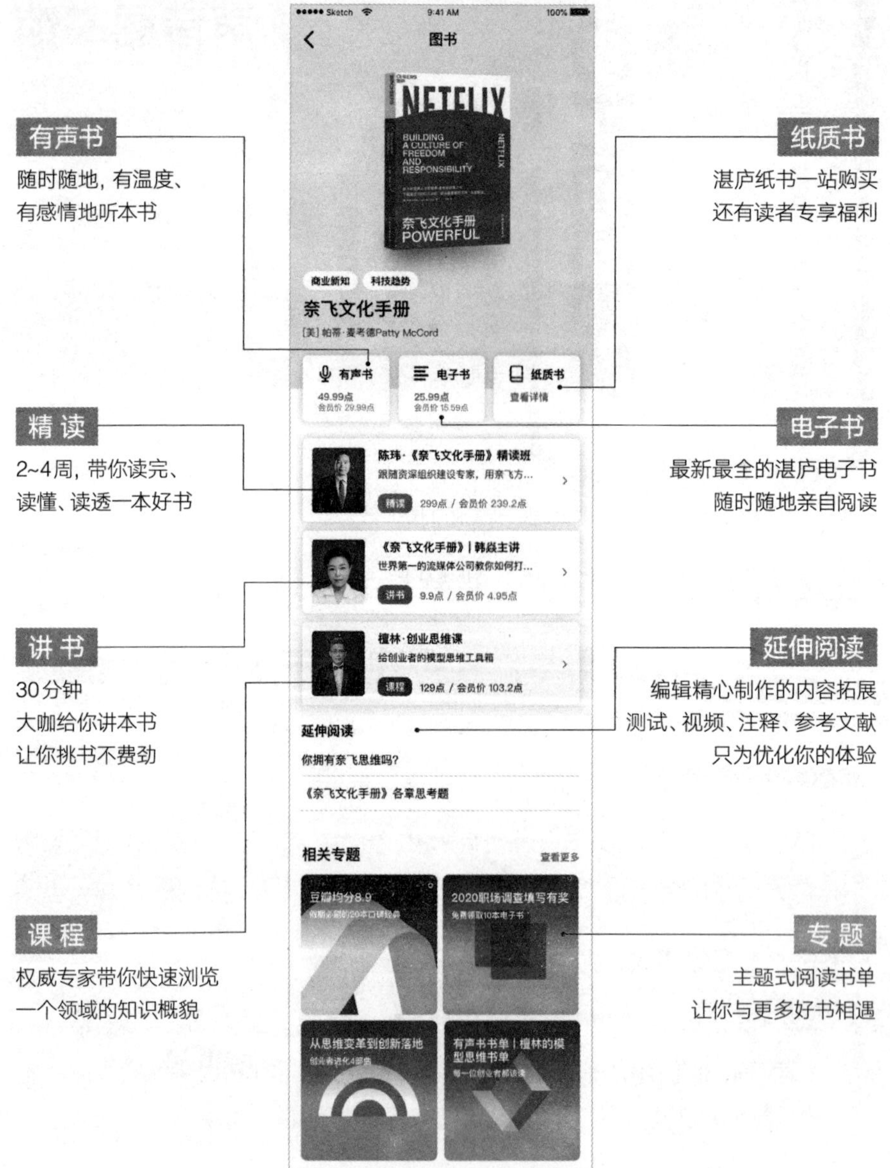

有声书

随时随地，有温度、有感情地听本书

精 读

2~4周，带你读完、读懂、读透一本好书

讲 书

30分钟
大咖给你讲本书
让你挑书不费劲

课 程

权威专家带你快速浏览一个领域的知识概貌

纸质书

湛庐纸书一站购买
还有读者专享福利

电子书

最新最全的湛庐电子书
随时随地亲自阅读

延伸阅读

编辑精心制作的内容拓展
测试、视频、注释、参考文献
只为优化你的体验

专 题

主题式阅读书单
让你与更多好书相遇

湛庐文化获奖书目

《大数据时代》

国家图书馆“第九届文津奖”十本获奖图书之一
CCTV“2013中国好书”25本获奖图书之一
《光明日报》2013年度《光明书榜》入选图书
《第一财经日报》2013年第一财经金融价值榜“推荐财经图书奖”
2013年度和讯华文财经图书大奖
2013亚马逊年度图书排行榜经济管理类图书榜首
《中国企业家》年度好书经管类TOP10
《创业家》“5年来最值得创业者读的10本书”
《商学院》“2013经理人阅读趣味年报•科技和社会发展趋势类最受关注图书”
《中国新闻出版报》2013年度好书20本之一
2013百道网•中国好书榜•财经类TOP100榜首
2013蓝狮子•腾讯文学十大最佳商业图书和最受欢迎的数字阅读出版物
2013京东经管图书年度畅销榜上榜图书，综合排名第一，经济类榜榜首

《牛奶可乐经济学》

国家图书馆“第四届文津奖”十本获奖图书之一
搜狐、《第一财经日报》2008年十本最佳商业图书

《影响力》（经典版）

《商学院》“2013经理人阅读趣味年报•心理学和行为科学类最受关注图书”
2013亚马逊年度图书分类榜心理励志图书第八名
《财富》鼎力推荐的75本商业必读书之一

《人人时代》（原名《未来是湿的》）

CCTV《子午书简》•《中国图书商报》2009年度最值得一读的30本好书之“年度最佳财经图书”
《第一财经周刊》• 蓝狮子读书会•新浪网2009年度十佳商业图书TOP5

《认知盈余》

《商学院》“2013经理人阅读趣味年报·科技和社会发展趋势类最受关注图书”
2011年度和讯华文财经图书大奖

《大而不倒》

《金融时报》• 高盛2010年度最佳商业图书入选作品
美国《外交政策》杂志评选的全球思想家正在阅读的20本书之一
蓝狮子•新浪2010年度十大最佳商业图书，《智囊悦读》2010年度十大最具价值经管图书

《第一大亨》

普利策传记奖，美国国家图书奖
2013中国好书榜•财经类TOP100

《真实的幸福》

《第一财经周刊》2014年度商业图书TOP10
《职场》2010年度最具阅读价值的10本职场书籍

《星际穿越》

2015年全国优秀科普作品三等奖

《翻转课堂的可汗学院》

《中国教师报》2014年度“影响教师的100本书”TOP10
《第一财经周刊》2014年度商业图书TOP10

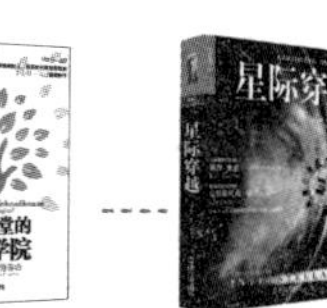

湛庐文化获奖书目

《爱哭鬼小隼》
国家图书馆“第九届文津奖”十本获奖图书之一
《新京报》2013年度童书
《中国教育报》2013年度教师推荐的10大童书
新阅读研究所“2013年度最佳童书”

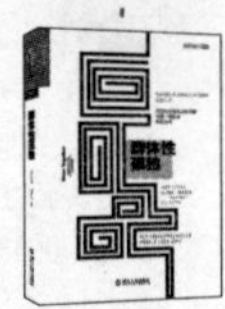

《群体性孤独》
国家图书馆“第十届文津奖”十本获奖图书之一
2014“腾讯网•啖书局”TMT十大最佳图书

《用心教养》
国家新闻出版广电总局2014年度“大众喜爱的50种图书”生活与科普类TOP6

《正能量》
《新智囊》2012年经管类十大图书，京东2012好书榜年度新书

《正义之心》
《第一财经周刊》2014年度商业图书TOP10

《神话的力量》
《心理月刊》2011年度最佳图书奖

《当音乐停止之后》
《中欧商业评论》2014年度经管好书榜•经济金融类

《富足》
《哈佛商业评论》2015年最值得读的八本好书
2014“腾讯网•啖书局”TMT十大最佳图书

《稀缺》
《第一财经周刊》2014年度商业图书TOP10
《中欧商业评论》2014年度经管好书榜•企业管理类

《大爆炸式创新》
《中欧商业评论》2014年度经管好书榜•企业管理类

《技术的本质》
2014“腾讯网•啖书局”TMT十大最佳图书

《社交网络改变世界》
新华网、中国出版传媒2013年度中国影响力图书

《孵化Twitter》
2013年11月亚马逊（美国）月度最佳图书
《第一财经周刊》2014年度商业图书TOP10

《谁是谷歌想要的人才？》
《出版商务周报》2013年度风云图书•励志类上榜书籍

《卡普新生儿安抚法》（最快乐的宝宝1·0~1岁）
2013新浪“养育有道”年度论坛养育类图书推荐奖

图书在版编目（CIP）数据

杀不死我的必使我强大：创伤后成长心理学 /（英）约瑟夫著；青涂译.
—北京：北京联合出版公司, 2016.4 （2022.11重印）
ISBN 978-7-5502-7410-5

Ⅰ.①杀… Ⅱ.①约… ②青… Ⅲ.①挫折（心理学）—通俗读物 Ⅳ.①B848.4-49

中国版本图书馆CIP数据核字（2016）第059265号
著作权合同登记号
图字：01-2016-1617

上架指导：成功励志 / 心理学 / 创伤后成长

本书法律顾问　北京市盈科律师事务所　崔爽律师

杀不死我的必使我强大：创伤后成长心理学

作　　者：[英] 史蒂芬·约瑟夫
译　　者：青　涂
选题策划：湛庐文化 CheersPublishing
责任编辑：杨　青　徐秀琴
封面设计：门乃婷工作室 Tel:010-64822410
版式设计：湛庐文化 CheersPublishing 蒋碧君

北京联合出版公司出版
（北京市西城区德外大街 83 号楼 9 层　100088）
河北鹏润印刷有限公司印刷　　新华书店经销
字数 215 千字　720 毫米 ×965 毫米　1/16　15.25 印张　1 插页
2016 年 4 月第 1 版　2022 年11月第 3 次印刷
ISBN　978-7-5502-7410-5
定价：49.90 元

本书若有质量问题，请与本公司图书销售中心联系调换。电话：010-56676356